Así suena un protón

Luis Ignacio Carmona Barceló

© 2015 Luis Ignacio Carmona Barceló

Reservados todos los derechos

ISBN : 978-84-614-1352-2

Content ID: 8432697

Título del libro: Así suena un protón

Al lector

Hace un tiempo tuve que volver a estudiar la Resonancia Magnética por motivos profesionales. Como muchos técnicos de mi época, jamás habíamos trabajado con una RM y los conocimientos que tenía de ellas se remontaban a mi etapa de estudiante. Entonces empecé a hacer una serie de cursos, escuchar diversas ponencias, leer libros, etc. Posteriormente comencé a recopilar toda la información que tenía. El fruto de estos años de formación y experiencia es este libro.

Espero que sea útil como libro de consulta para todos los profesionales de la imagen médica. Mi objetivo no es hacer un libro para expertos en RM, si no todo lo contrario, que sea fácil de entender y que explique lo básico que se debe de saber para empezar a conocer el inmenso mundo de la Resonancia Magnética.

Existen infinidad de libros sobre la RM, pero muchos de ellos son muy específicos y dirigidos a profesionales que ya la conocen. Este libro pretende ser, un primer manual de RM, es decir una manera fácil de entender la RM. Por supuesto que el libro tiene muchas limitaciones, pero el mundo de la RM es tan amplio que es imposible abarcarlo todo en un solo libro. Una vez entendido lo básico podremos seguir ampliando nuestros cocimientos con los libros antes mencionados.

Quiero agradecer desde estas líneas a todos los que me han apoyado y ayudado en la realización de este trabajo.

AGRADECIMIENTOS

Desde estas líneas quiero dar las gracias a todas aquellas personas que me han ayudado a escribir este manual y en especial por su interés e implicación en el proyecto a:

Juan Galindo Tello. TER por su inestimable ayuda, asesoramiento y colaboración en este proyecto desde el principio.

Lourdes Lobato Matamoros. TSID por haberme ayudado en la realización de varias fotografías.

Alicia Fernández González. TSID por su apoyo e interés

Alfonso Carrasco Rubio. Radiólogo por el enfoque final que adoptó este proyecto.

Y en general a todas aquellas personas que de una manera u otra han colaborado en la elaboración de este libro.

ÍNDICE

1. Física de la RM

2. Creación de la Imagen

3. Secuencias

4. Calidad de la Imagen

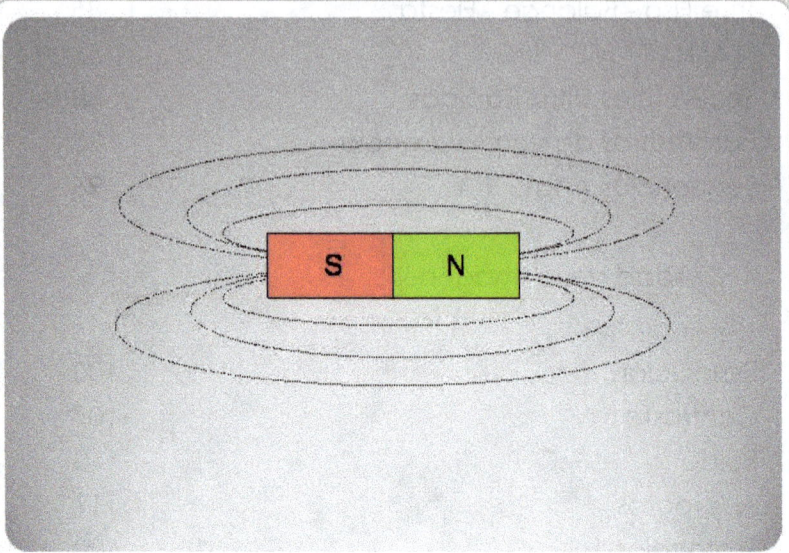

Física de la RM

La Resonancia Magnética es el fenómeno físico por el cual obtenemos imágenes aprovechando algunos átomos de los tejidos.

Este fenómeno se produce cuando ciertos átomos sometidos a un campo magnético y entran en contacto con pulsos de radiofrecuencia.

El átomo está formado por:

- Un núcleo
  Neutrones

  Protones (+)

- Corteza
  Electrones (-)

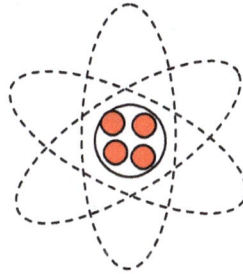
Fig.1

NÚCLEO: Donde se encuentran protones y neutrones. Los protones tienen carga positiva y giran sobre sí mismos. Los neutrones no tienen carga.

CORTEZA: Donde están los electrones que tienen carga negativa y giran alrededor de sí mismos y del núcleo.

Nº atómico: Es el número total de protones que tiene un átomo.

Masa atómica: Suma de neutrones y protones.

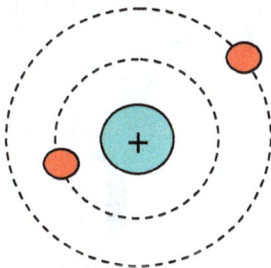
Átomo
Fig.2

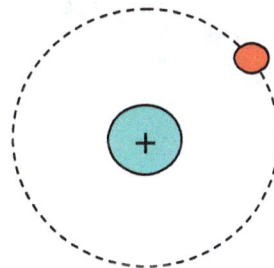
Átomo de Hidrogeno Fig.3

Para conseguir el fenómeno de Resonancia Magnética necesitamos átomos que tengan un número impar de protones y que estén por todo nuestro organismo. El átomo más abundante en nuestro organismo, que tiene estas condiciones es el Hidrógeno, que está formado por un núcleo y un solo protón y esta de forma masiva en nuestro cuerpo.

Para hacer resonancia utilizaremos los protones libres de Hidrógeno de los distintos tejidos, no sirven los protones de hidrógeno atados a una molécula.

EL PROTÓN:

Los protones tienen un movimiento giratorio sobre su eje, como la tierra. A este movimiento se le denomina **SPIN**.

Fig.4

Los protones están colocados libremente en nuestro cuerpo y cada uno de ellos gira alrededor de su eje. Si hacemos una suma (M) de todos estos vectores o ejes, el resultado sería CERO.

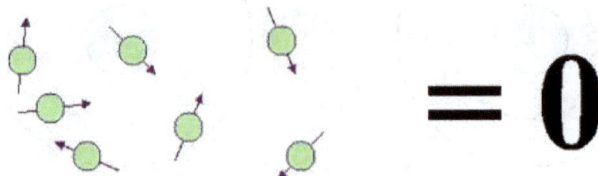

Fig.5

La única forma de que esta suma no sea igual a cero es alinear todos estos vectores o ejes en la misma dirección, para que esto ocurra aplicamos un campo magnético.

PRECESIÓN:

Cuando aplicamos un campo magnético a los protones se produce una suma de dos movimientos: El primero es el propio movimiento de rotación del SPIN, el segundo se produce cuando dicho SPIN entra en ese campo magnético, produciéndose no

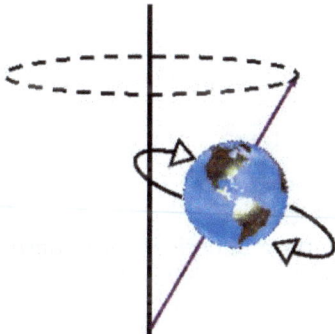

solo la alineación con la dirección del dicho campo, sino que además se mueven alrededor del eje de dicho campo magnético. A este movimiento se le denomina PRECESIÓN.

FRECUENCIA DE PRECESIÓN: Son las veces que giran los protones alrededor del eje del campo magnético por segundo.

Fig.6

La PRECESIÓN depende del campo magnético: Cuanto más intenso mayor velocidad y mayor frecuencia.

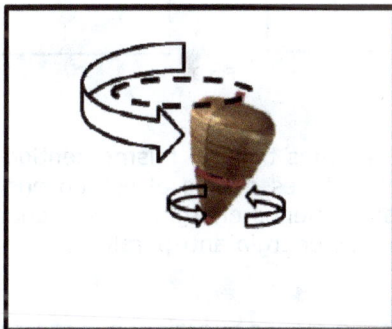

Fig.7

CAMPO MAGNÉTICO

Campo Magnético es la región del espacio donde se manifiestan los efectos de una fuerza magnética. La distribución del campo magnético se representa mediante LÍNEAS DE FUERZA, las cuales no se cortan y son cerradas, salen del polo norte del imán y entran por el polo sur.

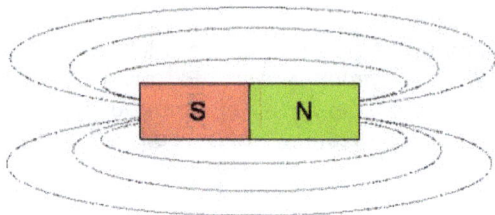

Fig.8

Ya lo estudiaremos más detenidamente en la pág. 30

MAGNETIZACIÓN LONGITUDINAL

Como ya hemos dicho al aplicar un campo magnético (CM) sobre los protones, estos se alinean con la dirección de dicho CM.

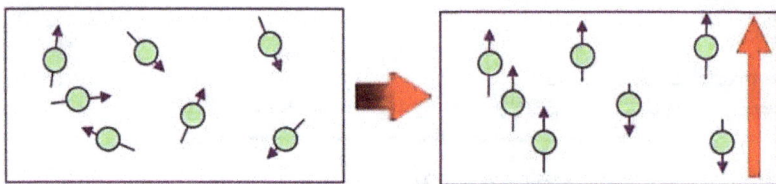

Fig.9

Pero no todos los protones tiene el mismo sentido con respecto a la dirección del CM, esto es debido al estado energético de cada protón; los que tienen menos energía se les denominan paralelos y a los que poseen más energía anti-paralelos.

Los paralelos necesitan menos energía y por eso hay más.

14

Los paralelos y anti-paralelos que se orientan en misma dirección pero con **sentido** contrario se cancelan sus efectos magnéticos y se anulan.

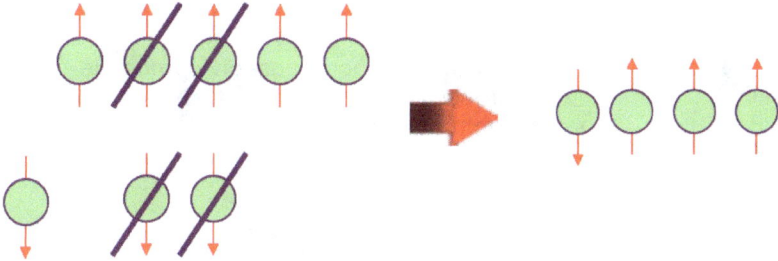

Fig. 10

No se anulan todos los protones, solamente los que tienen componente contraria, es decir los que encuentran otro protón precesando con la misma energía pero en sentido contrario. La suma de todos los protones, paralelos y anti-paralelos que no han quedado anulados es la MAGNETIZACIÓN LONGITUDINAL.

Vamos a explicarlo un poquito más. Ya tenemos alineados los protones con el CM; pero no todos poseen el mismo estado energético (unos tienen más energía que otros). Cada protón se coloca dentro del CM con una energía.

Si esto lo trasladamos a un eje de coordenadas. Vemos que los protones están precesando con una dirección y un sentido según su estado energético.

Los protones con menos energía se llaman paralelos (los que apuntan hacia arriba) y los que poseen más energía son los anti-paralelos (hacia abajo).

Pues bien, si algún Spin paralelo se encuentra con otro Spin anti-paralelo con su misma dirección pero de sentido contrario se anulan.

Fig.11

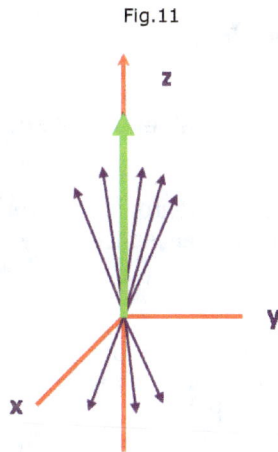

El término "anularse" no significa que desaparezcan, lo que ocurre es que el valor matemático de sus respectivos vectores de movimiento se contrarresta y su resultado es cero. La magnitud Longitudinal aparece del vector suma de los vectores que quedan paralelos y los anti-paralelos.

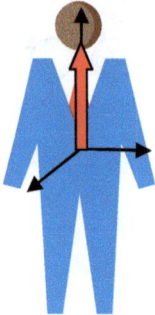

A partir de ahora nos olvidamos de los protones y vamos a trabajar con la Magnitud Longitudinal.

Fig.12

EFECTO DE RESONANCIA

Todas las aplicaciones de Resonancia Magnética se basan en la manipulación de la Magnetización Longitudinal neta (M) de un tejido biológico.

La manera más sencilla de producir tal manipulación es mediante la aplicación de un pulso de Radiofrecuencia (RF). Durante el pulso de RF, los núcleos de los átomos absorben una energía proporcionada por dicho pulso de RF (pasan a un estado más energético). Al terminar el pulso de RF, los núcleos vuelven a su posición inicial, es decir, a su estado energético inicial y re-emiten la energía sobrante.

La radiofrecuencia aplicada a los protones no es una radiofrecuencia al azar, sino que su valor es igual a la frecuencia de precesión de los propios protones. A esta frecuencia de precesión se la denomina FRECUENCIA DE LARMOR.

En este momento los protones captan energía por medio de la radiofrecuencia aplicada, y a este fenómeno se le denomina RESONANCIA.

Esa emisión de RF por parte de los protones al volver a su estado energético inicial es la señal o eco que utilizaremos para crear la imagen de RM.

ECUACIÓN DE LARMOR Wo = K·Bo

Wo= Frecuencia de precesión

Bo= Intensidad del campo magnético

K= Constante giromagnética. K= 42,5 MHz/T

La frecuencia particular absorbida (Wo) es proporcional al campo magnético (Bo). La ecuación que describe este proceso es la ECUACIÓN DE LARMOR.

O dicho de forma sencilla a MAYOR INTENSIDAD-MAYOR PRECESIÓN

La captación de energía de RF por parte de los protones produce varios efectos:

1- CAMBIO ENERGÉTICO

Es el primer efecto y se produce cuando enviamos un pulso de RF con la intensidad y duración correctas. Algunos protones, al captar energía de RF cambian de estado energético (antes eran spines paralelos y con la nueva energía pasan a ser anti-paralelos) y esto produce que se **igualen** el número de spines paralelos y anti-paralelos. A parte puede ocurrir, como ya sabemos, que algún spin que ha cambiado de estado energético pueda encontrar su componente negativa y se anulen.

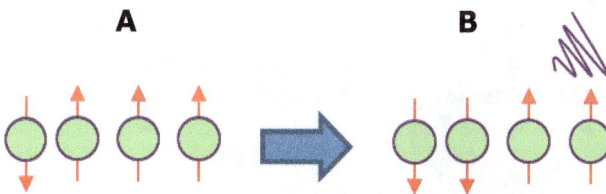

Fig.13

Como podemos observar en el dibujo, los spines están alineados dentro del campo magnético (A) al aplicarles radiofrecuencia (B) se iguala el número de spines paralelos y anti-paralelos ya que uno de los spines tiene mayor energía.

2- MAGNETIZACIÓN TRANSVERSAL

El segundo efecto que se produce al captar radiofrecuencia es la entrada de los protones en sincronismo, esto es, comienzan a precesar todos juntos, a la misma frecuencia. A esto se le llama entrar en FASE.

La Magnitud Transversal es el vector suma de los diferentes vectores paralelos y anti-paralelos en **FASE**.

Esto produce una desaparición de la Magnitud Longitudinal y la aparición de la Magnetización Transversal. Lo que hemos hecho ha sido, en un eje de coordenadas, cambiar la Magnitud Longitudinal del eje Y al eje X. La Magnitud Transversal es un vector en movimiento sobre el eje transversal ya que gira con los spines paralelos y anti-paralelos en **FASE**.

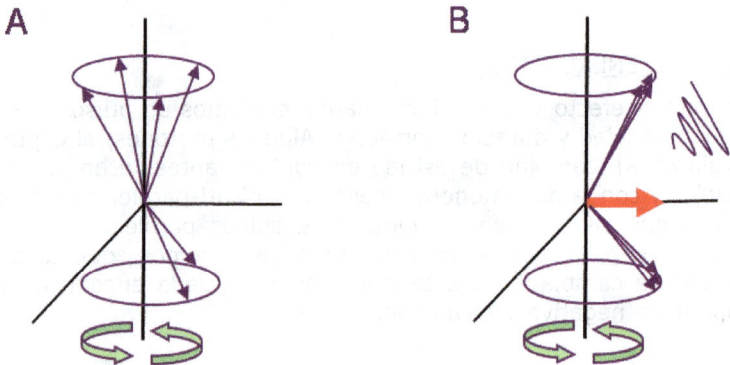

Fig.14

Como vemos en el dibujo algunos spines paralelos (A) pasan a ser anti-paralelos y además todos los spines empiezan a precesar en FASE.(B)

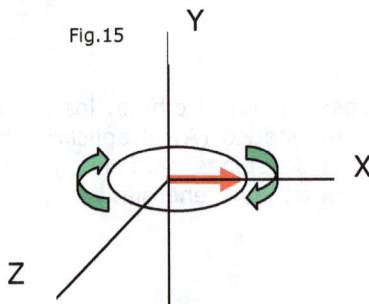

Fig.15

La aplicación de pulsos de radiofrecuencia (RF) produce una desviación de la magnetización longitudinal sobre la dirección del campo magnético.

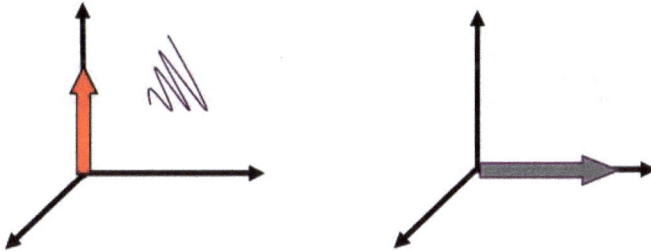

Fig.16

En el momento que dejamos de emitir RF los spines comienzan a desfasarse poco a poco, es decir, cada spin comienza a precesar a su frecuencia inicial y se desfasa con respecto a los otros spines de diferentes frecuencias. La Magnetización Transversal va desapareciendo y a su vez va a apareciendo la Magnetización Longitudinal.

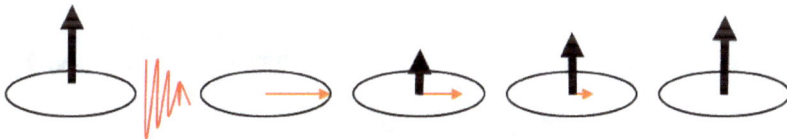

Fig.18

En resumen. Tenemos la Magnetización Longitudinal y cuando aplicamos energía en forma de radiofrecuencia algunos spines paralelos pasan a ser anti-paralelos ya que tienen mayor energía, esto a su vez produce que se anulen de nuevo algunos spines que encuentran su componente negativa, sucederá entonces que la magnetización LONGITUDINAL disminuirá, los protones que quedan están en FASE habrá entonces una Magnetización TRANSVERSAL que antes no existía. Esto puede considerarse en un eje de coordenadas como si el vector de magnetización Longitudinal se hubiera inclinado 90º hacia el eje X. (Fig.16).

Cuando dejamos de emitir RF los protones vuelven a su estado de equilibrio (a su estado energético inicial), liberan la energía absorbida anteriormente por el pulso de RF, lo que produce que

19

poco a poco comiencen a precesar cada protón a su frecuencia inicial, es decir que se desfasan los protones y esto produce que a su vez se recupera lentamente la Magnetización LONGITUDINAL e irá desapareciendo la Magnetización TRANSVERSAL, hasta que al final solo quede la Magnetización LONGITUDINAL y la Magnetización TRANSVERSAL haya desaparecido por completo (Fig.18). Entonces aparecen los parámetros T1 (recuperación de la magnetización longitudinal) y T2 (perdida de la magnetización trasversal).

T1 RELAJACIÓN LONGITUDINAL

Como ya sabemos al dejar de emitir RF, los protones van a volver a su estado energético inicial o de equilibrio. A los protones que se les había suministrado energía y como consecuencia habían pasado a estado anti-paralelo, van a volver a su estado paralelo lentamente, cediendo energía al medio (Eco o señal). Además al haber más protones paralelos que anti-paralelos la Magnitud Longitudinal va aumentando progresivamente (Fig.19). A esta recuperación o relajación se le denomina T1 o Relajación Longitudinal.

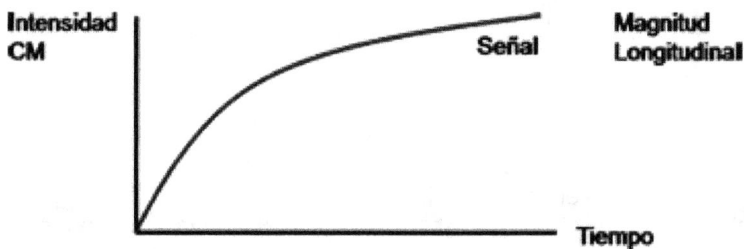

Fig.19

Como apreciamos en la gráfica la señal T1 aumenta según transcurre el tiempo después de dejar de emitir radiofrecuencia.

Los tiempos de relajación en cada tejido es distinto, cada tejido tiene su valor ya que en unos los protones ceden su exceso de energía al medio más rápido que en otros, dependiendo del tejido del que formen parte. Así conseguimos curvas distintas entre diferentes tejidos y creamos la imagen.

La curva T1 es una curva creciente.

20

T2 RELAJACIÓN TRANSVERSAL

Después de que el pulso de RF es interrumpido los protones pierden la coherencia de FASE (se desfasan), como tienen distintas frecuencias de precesión dejan de ir acompasados. Veamos un ejemplo:

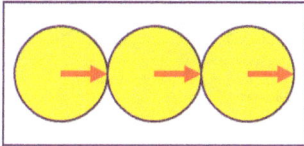

Los protones se encuentran en FASE gracias al pulso de RF.

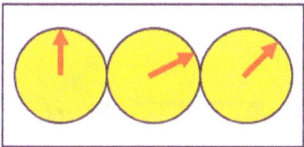

Al dejar de emitir RF los protones se DESFASAN

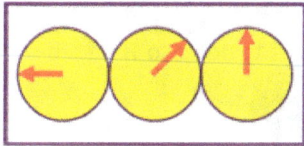

Según pasa el tiempo el DESFASE es mayor.

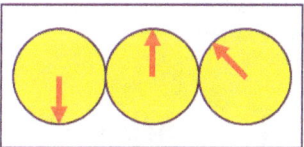

El DESFASE es total a más tiempo transcurrido. La señal T2 por tanto a desaparecido.

Fig.20

La curva de la Relajación Transversal es decreciente.

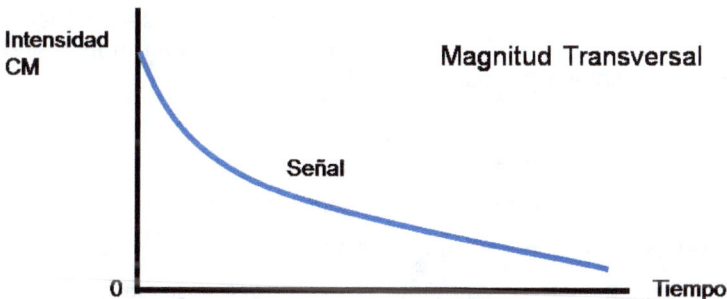

Intensidad CM

Magnitud Transversal

Señal

0

Tiempo

Fig.21

21

El T1 y T2 son simultáneos e independientes, el T1 comienza antes y es más lento que el T2 pero el T1 es más largo en el tiempo.

El T1 se refiere al estado energético de los protones y el T2 se refiere al movimiento en fase de los protones.

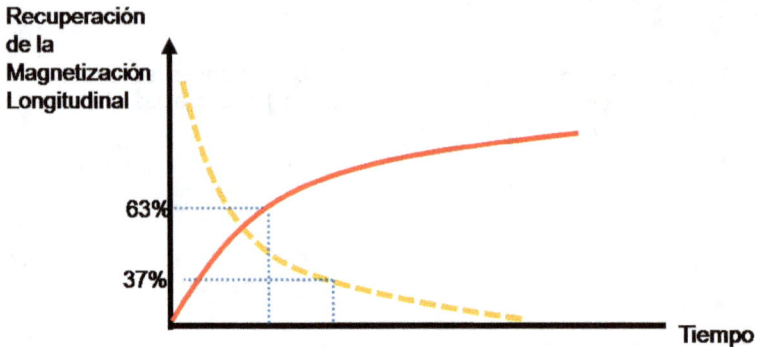

Fig.32

La curva T2 es más rápida y posterior a la T1, por eso a veces se representan así:

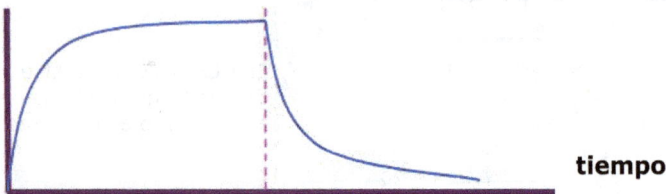

Fig.22

Dependiendo de los tiempos de relajación, T1 y T2, se potencian unas estructuras u otras en la imagen de RM. Esto es fundamental a la hora de planificar un estudio de RM.

- El T1 depende de la intensidad del campo

- El agua / líquidos tienen un T1 y un T2 largo

- La grasa tiene un T1 y un T2 corto

- Los tejidos patológicos tienen mayor contenido de agua que los tejidos normales adyacentes.

¿DE QUE DEPENDE EL T1 y T2?

El T1 depende de la composición y de la estructura del tejido y de la intensidad del CM. La curva de relajación T1 nos es útil al 63%. Veamos un ejemplo:

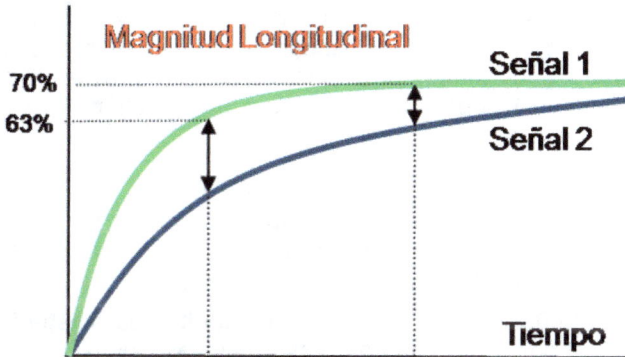

Fig.23

Vemos en la curva T1 de dos tejidos diferentes al 63%, es cuando mayor diferencia existe entre ambos. Si dejamos pasar más tiempo la diferencia **no** es tan grande entre los tejidos.

El T2 depende del desfase de los protones de los distintos tejidos y del campo magnético externo. La curva de relajación T2 nos es útil al 37%.

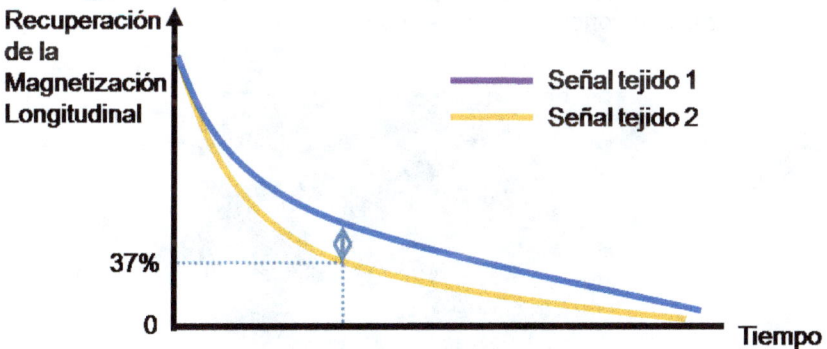

Fig.29

23

MEDIOS DE CONTRASTE

Son agentes que facilitan la relajación tisular potenciando las secuencias T1.

Algunas sustancias paramagnéticas producen pequeños campos magnéticos que inducen un acortamiento de los T1 de los protones vecinos. El gadolinio en la sangre va a acumularse en el intersticio celular de los tejidos patológicos, así se producirá un aumento de la señal en T1 de estos. Se excreta por filtración renal.

El más utilizado es el GADOLINIO (GADEOPENTATO DIMEGLUMINA). Es un compuesto del tipo tierras raras que se une a una proteína DTPA para disminuir su toxicidad. Se suministra por vía intravenosa.

Dosis de 0,2 cc por Kg. de peso en adultos para estudios normales y 0,4 cc por Kg de peso para estudios vasculares.

Las reacciones alérgicas son raras, se han descrito algunos casos de alergia pero por lo general leves. En ocasiones notan sensación de frío en el punto de la inyección que desaparece al dejar de inyectar. Mantener la vía hasta el final de la prueba por si hubiera alguna reacción alérgica.

Existen además una serie de contrastes específicos para una estructura en concreto, por ejemplo el Hígado.

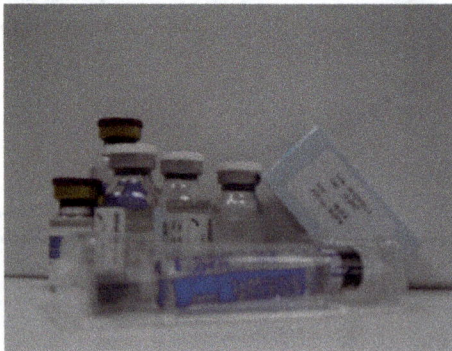

Fig.48

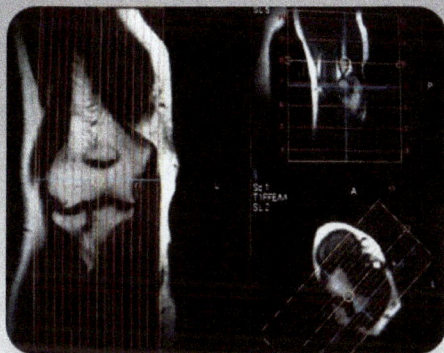

Creación de la imagen

¿CÓMO SE CREA UNA IMAGEN EN RM?

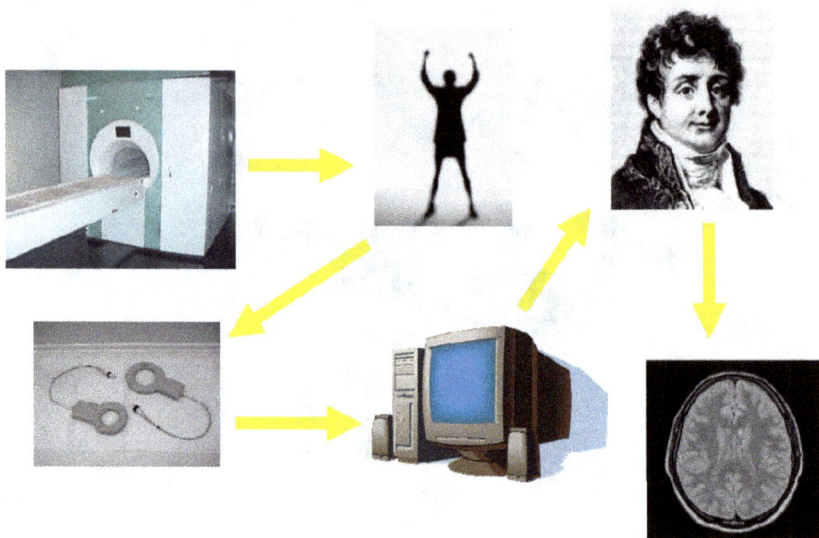

Para crear una imagen necesitamos un imán o campo magnético, un paciente, unas antenas para recibir la señal que emiten los protones del paciente dentro del campo magnético, estas señales se almacenan dentro de un ordenador en un lugar llamado espacio K y por las transformadas de Fourier después de múltiples y complicadísimas formulas matemáticas obtenemos las imágenes.

Esto parece fácil, pues no lo es en absoluto. Lo vamos a explicar todo, poco a poco, para que el técnico de imagen médica tenga los conocimientos necesarios pero sin ahondar en excesivos conocimientos físicos complejos que no son necesarios para el manejo de nuestro equipo de RM y que se podrán estudiar una vez aprendidos los básicos.

IMANES

Pueden ser de dos tipos:

- Permanentes
- Electroimanes:
  - Resistivos
  - Superconductor

Permanente Fig.76

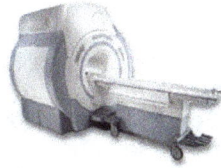

Electroimán Fig.77

IMANES PERMANENTES

Todo el mundo está familiarizado con un imán permanente. Es el tipo de imán con el que juegan los niños.

Los imanes permanentes se caracterizan por:

- Material ferro-magnético
- Siempre magnetizado
- No gasta energía
- Poco CM

Fig.78

ELECTROIMANES

Los electroimanes se caracterizan por:

- Generan el CM mediante una corriente eléctrica
- Pueden ser RESISTIVOS o SUPERCONDUCTIVOS

✓ ELECTROIMANES RESISTIVOS

Un imán resistivo está formado por una espiral metálica (bobina) atravesada por una corriente eléctrica, generando así un Campo Magnético (CM). Presentan un CM en tanto en cuando circule la corriente eléctrica por su bobina.

Como produce resistencia la corriente eléctrica al circular por la bobina, se genera mucho calor y deben de ser refrigerados.

Estos imanes:

- Poseen Campos Magnéticos más intensos que los imanes permanentes pero limitados.
- Son poco prácticos ya que generan mucho calor que debe disiparse.
- Consumen energía.

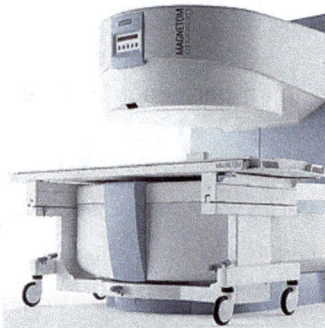

Fig.80

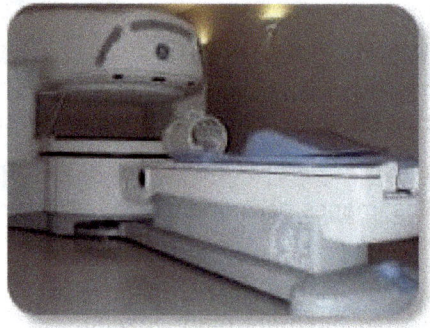

Fig.81

Solían ser las RM abiertas, pero esto ya no es así, existen RM abiertas que son imanes superconductivos (Fig. 81), no solían ser de alto campo.

Los recientes imanes resistivos híbridos, con un núcleo de hierro, tienen características de permanentes y resistivos, combinando algunas de sus ventajas.

✓ ELECTROIMANES SUPERCONDUCTIVOS

Son los más utilizados en las maquinas de RM. También utilizan electricidad, pero emplean un conductor especial de la corriente. Se enfría a la temperatura de los superconductores a -269ºC. A esta temperatura, el material conductor pierde su resistencia a la electricidad; por ello, ésta fluye permanentemente creando un CM constante.

Para su refrigeración se utiliza helio, nitrógeno y tienen que rellenarse de vez en cuando.

Se caracterizan por:

- Consumen energía y helio para su refrigeración
- Altos CM y constantes
- Alta relación señal/ruido

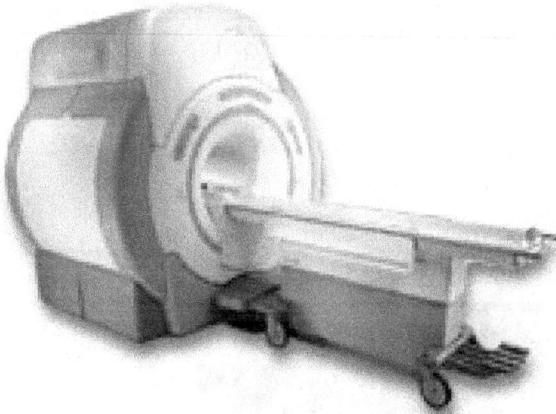

Fig.77

Son las RM cerradas y pueden ser de alto o bajo campo magnético.

QUENCH

Cuando, por alguna razón, se eleva la temperatura del imán por encima de la temperatura de los superconductores, habrá una pérdida de la superconductividad y por tanto un aumento de la resistencia al flujo de la electricidad. Esto da lugar a la producción de una gran cantidad de calor que hace que hiervan los criógenos rápidamente. Estos abandonan el sistema a través de los conductos de escape.

Es bastante espectacular ver desde fuera del hospital un Quench, se crea una gran nube de humo blanco "NO TOXICA".

CAMPO MAGNÉTICO

Como ya hemos dicho el CM es la región del espacio donde se manifiestan los efectos de la fuerza magnética.

La finalidad del imán es crear un campo magnético estático necesario para crear la imagen.

La unidad de campo magnético es el TESLA o GAUSS

1 Tesla=10.000 Gauss

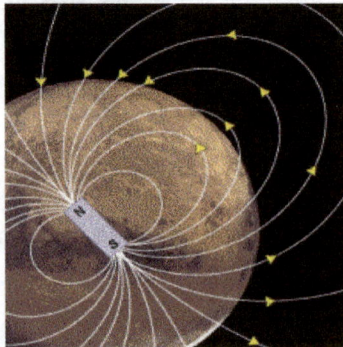

Fig.82

El Campo Magnético terrestre es de 0.5 Gauss

Equipos de RM según la intensidad de su campo se les denomina:

De 0,1 a 0,3 T = RM de bajo campo

De 0,4 a 1,0 T = RM de medio campo

De 1,0 a 2,0 T = RM de alto campo

Más de 2,0 T   = RM de ultra alto campo

Todos campos magnéticos tienen inhomogeneidades que son pequeños desajustes en las líneas de fuerza del propio CM. Para conseguir una mejor homogeneidad se realizan una serie de ajustes mecánicos y eléctricos. Para este proceso llamado shimming se utilizan bobinas de compensación. Estas bobinas se encuentran dentro del propio equipo de RM.

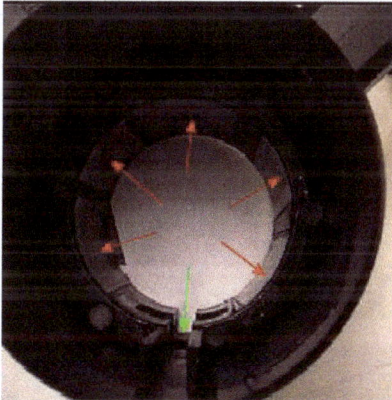

Fig.125

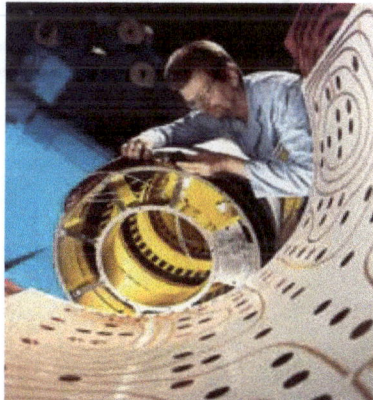

Fig.126

El shimming es realizado por los ingenieros de las casas comerciales. Se realiza colocando pequeñas piezas de metal dentro del CM para dejarlo lo más homogéneo posible.

GRADIENTES

Para obtener una imagen de RM, necesitamos saber el grosor de corte, la localización del corte así como determinar de qué punto viene la señal. Estos parámetros se pueden determinar por medio de un campo magnético adicional llamado gradiente.

Los gradientes son la parte del equipo de resonancia con la que hacemos variaciones del campo magnético. Los gradientes son bobinas espaciales adicionales que producen variaciones lineales del campo magnético.

Deben disponerse en los tres ejes del espacio (x,y,z) para conseguir la imagen en resonancia magnética.

Fig.84

CAMPO MAGNÉTICO

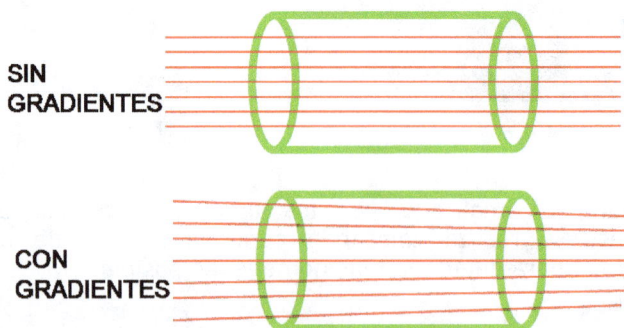

SIN GRADIENTES

CON GRADIENTES

Fig.83

Como se puede ver en estos dibujos, los gradientes de nuestra RM están colocados arriba, a los lados y a los extremos del tubo.

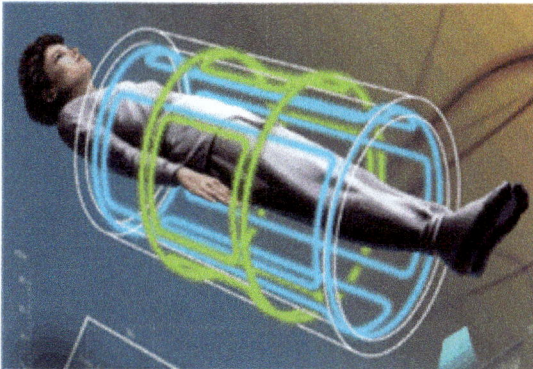

Fig. 142

Tenemos tres gradientes en nuestro equipo de RM:

- Gradiente de codificación de frecuencia
- Gradiente de codificación de fase
- Gradiente de selección de corte

GRADIENTE DE SELECCIÓN DE CORTE

Cuando colocamos un paciente en la RM, el campo magnético es bastante homogéneo, todos los protones tienen la misma FRECUENCIA de LARMOR. Para determinar un corte seleccionado se superpone un segundo campo magnético con intensidades diferentes al campo magnético original externo, este campo adicional es el Gradiente. Este Gradiente modifica la intensidad del campo magnético original externo desde los pies hasta la cabeza y por tanto los protones van a tener frecuencias de precesión diferentes. Para seleccionar una zona de corte específica aplicamos un pulso de Radio Frecuencia (RF) con un rango de frecuencia determinado, que nos va a delimitar el corte (en el ejemplo de 64 mHz a 64,5 mHz).

Fig.85

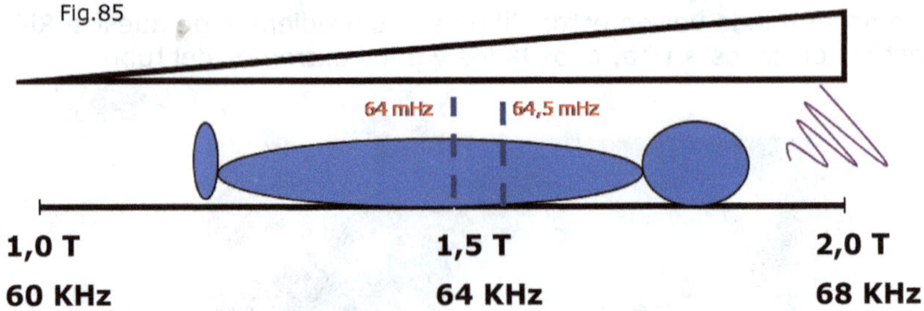

64 mHz | | 64,5 mHz

1,0 T	1,5 T	2,0 T
60 KHz	64 KHz	68 KHz

GRADIENTE DE FRECUENCIA

Una vez seleccionado el corte y su grosor, pero tenemos todos los protones de dicho corte precesando en la misma frecuencia. Mediante el Gradiente de codificación de Frecuencia vamos a producir que precesen con diferente frecuencia para así determinar de dónde viene la señal.

Fig.86

Ya tenemos nuestro corte seleccionado ahora con el gradiente de frecuencia producimos que dentro del corte los protones precesen a distintas frecuencias.

Fig.87

GRADIENTE DE CODIFICACIÓN DE FASE

Tenemos protones (de una misma columna) precesando con la misma frecuencia y fase. Les aplicamos un Gradiente de Codificación de Fase conseguimos que precesen con la misma frecuencia pero con distinta fase, de acuerdo con su localización.

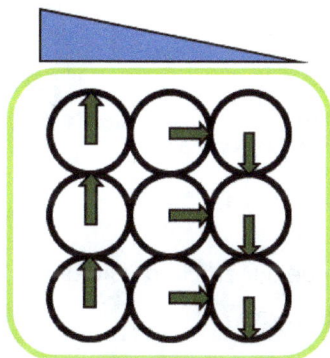

Fig.87

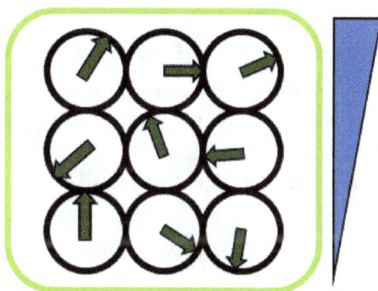

Fig.88

Como vemos dentro del corte teníamos todavía muchos protones precesando con la misma frecuencia y fase al aplicarle el gradiente de codificación de fase los protones precesan con la misma frecuencia pero con distinta fase.

Precesan los protones con la misma frecuencia ya que viene determinada por el gradiente de frecuencia, el gradiente de fase solo cambia la fase como su nombre indica.

Para terminar esta sección os diré que los gradientes son una parte fundamental de nuestro equipo de RM, cada casa comercial dispone de distintos tipos de gradientes para un imán. Cuanto mejores sean los gradientes mejores serán las imágenes que obtendremos con nuestro equipo de RM.

ANTENAS

Las antenas son bobinas y tienen dos propósitos en la RM, el primero es enviar un pulso determinado de RF al paciente para inclinar el vector de magnetización de los protones que precesan (Magnetización Longitudinal); y el segundo propósito es la de detectar las radiaciones de RF emitidas por el paciente durante el proceso de resonancia y manda la señal (eco) al ordenador central para recomponer la imagen.

Otras características de las antenas son:

- Existen de varios formatos y tamaños.
- Otro componente del equipo de RM.
- Son imprescindibles.
- Se clasifican por su forma y su tecnología.

Se clasifican las antenas por su forma en de superficie o volumen.

Y por su tecnología en lineales o de cuadratura.

ANTENA DE BODY

Esta antena se encuentra permanentemente en el interior del equipo y transmite RF para todo tipo de estudios pero solo recibe RF en exploraciones extensas. El técnico selecciona desde la consola que antena va a recibir la señal.

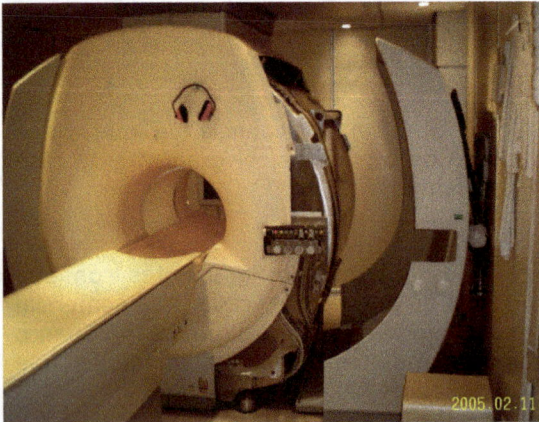

Fig.127

Fig.89

ANTENAS DE VOLUMEN

Las antenas de volumen proporcionan una imagen con intensidad homogénea en todo el corte. Recibe la señal de RF que emite el paciente. La antena de body es la que emite la RF al paciente.

Las más comunes de cráneo, rodilla, muñeca.

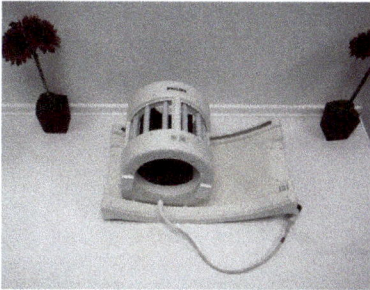

Fig.90

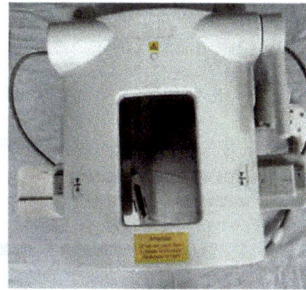

Fig.91

ANTENAS DE SUPERFICIE

Este tipo de antenas ofrecen una gama de intensidades decrecientes según aumenta la distancia a la antena. Esto es, que en la imagen obtenida veremos que la parte del cuerpo del paciente que está más pegada a la antena la señal es muy buena y la anatomía más alejada se ve peor.

Receptoras de la señal de RF, la antena de body es la emisora.

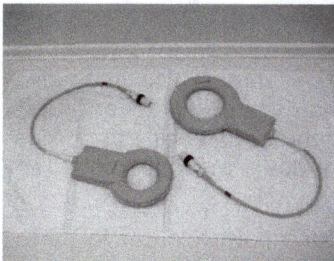

Fig.92

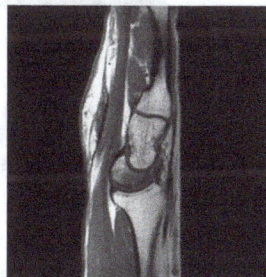

Fig.93

Como vemos en la Fig.93 la parte de la izquierda de la imagen el tejido periférico brilla mucho, eso es debido a la proximidad de la antena; en cambio el mismo tejido pero en la parte derecha de la imagen no brilla, eso es debido a su lejanía de la antena.

TECNOLOGÍA DE LAS ANTENAS

Por su tecnología las antenas se clasifican en:

● Lineales: Detectan la señal en una sola dirección.

Fig.94

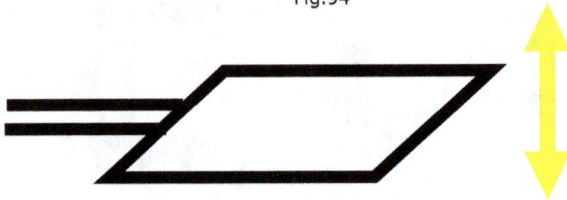

● Cuadratura: Detectan la señal en dos direcciones octogonales.

Fig.95

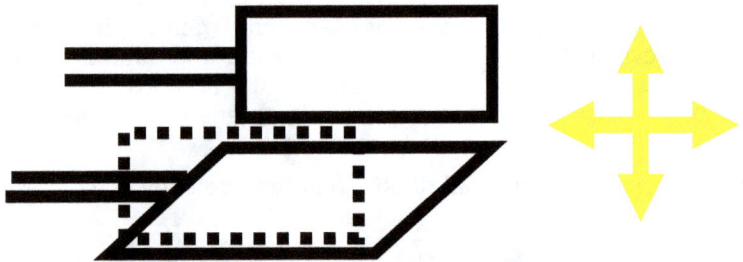

Dentro de estas dos categorías existen antenas de múltiples elementos, es una antena compuesta a su vez de varias antenas, denominadas cuerpos de antena o elementos. Es decir dos o más elementos en una antena de superficie y dos o más elementos en una antena de cuadratura.

Se utilizan unos u otros cuerpos de antena para adaptar la parte anatómica dependiendo del estudio que realicemos y a veces nos evitan cambiar de antena.

Un ejemplo de este tipo de antenas es la de columna, la cual está formada por 5 cuerpos de antena.

Dependiendo de que parte de la columna queremos realizar el estudio usaremos unos u otros cuerpos de Atenas.

Ejemplo: Si vamos a hacer una RM de Cervical usaremos los cuerpos 1 y 2 por el contrario queremos hacer una RM Lumbo-sacra usaremos los cuerpos 3,4 y 5.

Fig.96

Como podéis imaginar las aplicaciones de estas antenas además de la columna son múltiples como por ejemplo abdomen o neuro.

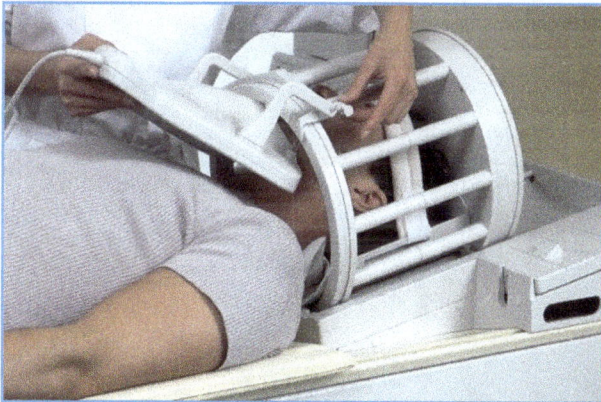

Fig.144

Como podemos apreciar en la imagen de arriba se le está colocando a una antena de cráneo otra antena parecida a un babero para hacer un estudio de columna cervical, para nuestro equipo de RM solo tiene conectada una antena con varios elementos o cuerpos.

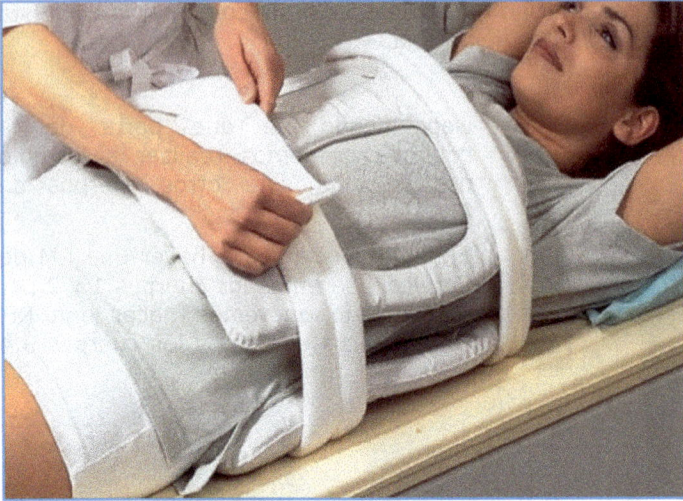
Fig.142

Otro ejemplo son estas dos antenas de superficie que también son
multielemento. Pueden tener 4, 8, 16 o más elementos.

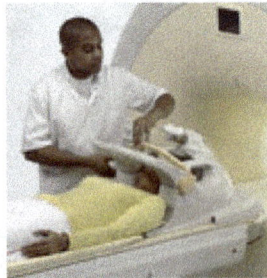
Fig.143

Veamos ahora unos ejemplos de tipos de antenas.

✓ Antenas lineales y de superficie:

Fig.97

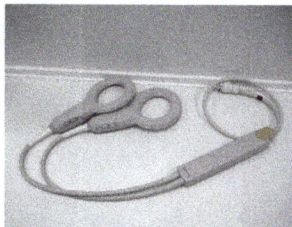

Fig.100

Fig.99

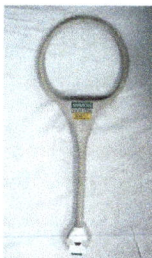

Fig.98

Fig.145

✓ Antenas cuadratura y de volumen:

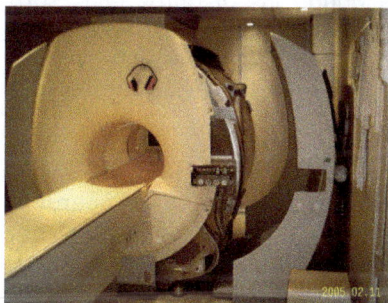

Fig.89

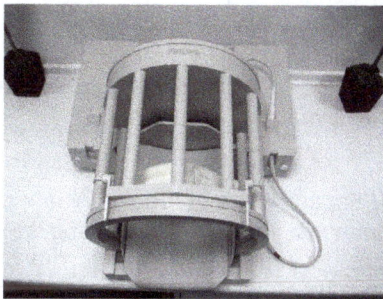

Fig.101

Fig.90

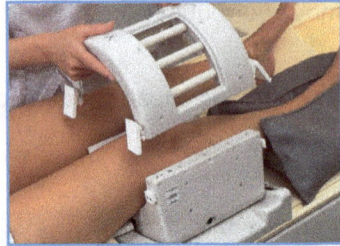

Fig.102

RECONSTRUCCIÓN DE LA IMAGEN

Después de emitir RF a los protones y que estos nos envían el eco o señal.

Las señales las enviamos al ordenador central del equipo de RM para su almacenamiento en una **"matriz de datos"**.

EL ESPACIO K o Matriz de datos

Esta matriz de datos es conocida como **"ESPACIO K"**.

El Espacio K es un concepto muy complejo, existen libros específicos que hablan de este tema. En esta sección vamos a intentar explicar que es el espacio K de una manera coloquial y sencilla para tener un concepto de lo que es, pero sin profundizar en dicho tema.

El Espacio K es la matriz de datos donde los distintos ecos son colocados ordenadamente de una determinada manera. Los mejores ecos se colocan en el centro de esta matriz y según decrece la calidad del eco se van colocando hacia los bordes de dicha matriz.

El Espacio K es el lugar virtual (en el ordenador) donde se guardan los ecos. Pero estos ecos no se guardan de forma aleatoria si no que se guardan de una forma ordenada dejando en el centro del Espacio K los de más señal (los mejores) y los ecos con menor señal (los peores) se van colocando alrededor de los mejores ecos.

Lo que se consigue con esto es que los mejores ecos se emplean para crear la imagen y los peores para dar resolución a la misma.

Dependiendo como trabajemos con este espacio obtendremos secuencias más o menos rápidas.

Veamos el Espacio K de forma analógica.

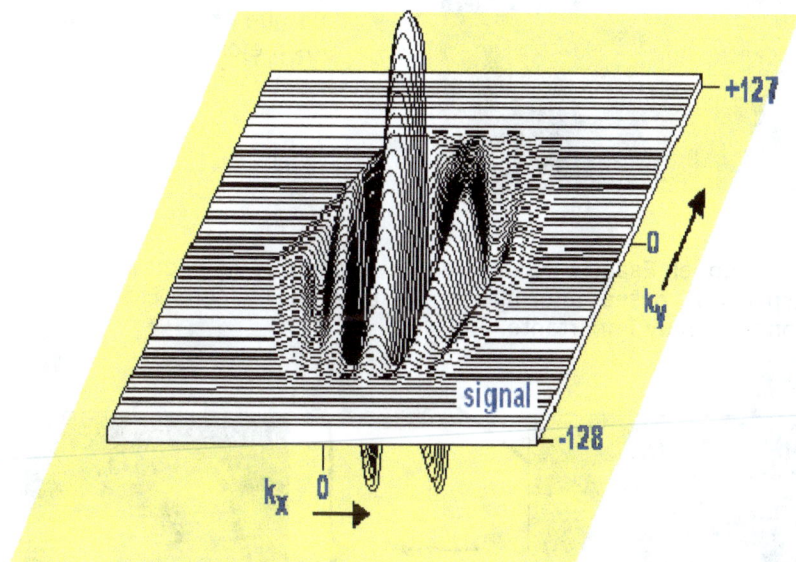

Fig.104

Como se aprecia en la visión analógica del espacio K (Fig.104), en el centro del mismo se encuentran los mejores ecos y que según nos alejamos hacia los bordes la calidad de los ecos disminuye.

El espacio K consta de 256 líneas del +127 al -128 o viceversa (el 0 también cuenta).

Veamos el Espacio K de forma digital (Fig.105)

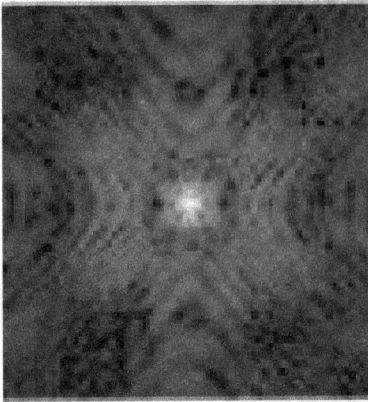

En esta otra imagen se aprecia lo mismo en el centro se ve más brillante ya que ahí se encuentran los mejores ecos.

Fig.105

De todo el Espacio K se crea la imagen. Cualquier punto del Espacio K posee información de toda la imagen. Este es un concepto muy importante.

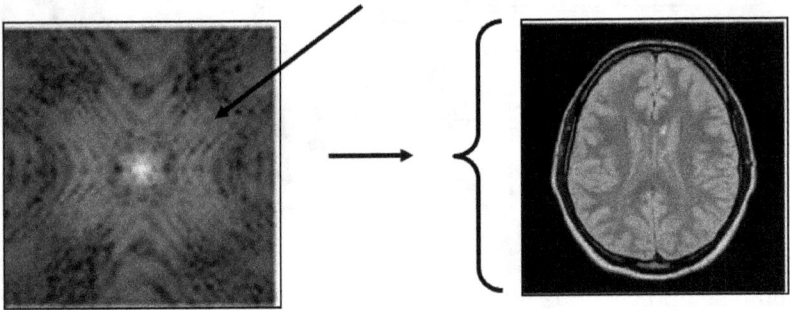

Fig.106

Un punto del Espacio K no corresponde al mismo punto de la imagen, un solo punto posee información de toda la imagen.

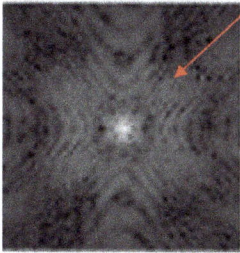

No es el mismo punto

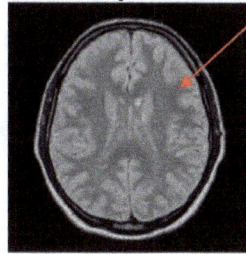

Fig.146

Vamos a ver como se rellena el Espacio K de ecos.

Cada **eco** contiene información de toda la imagen **y es una línea del espacio K**. Cada línea del espacio K contiene información de todo el corte.

El espacio K tiene las mismas dimensiones que la imagen, por ejemplo 256x256 ó 512x320 etc.

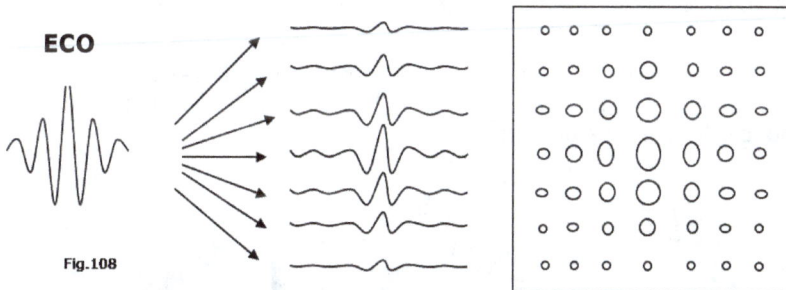

ECO

Fig.108

El eco, como se puede ver en el dibujo, tiene una parte central de más rango y las partes periféricas del mismo tienen menos rango (rango de eco). Pues así se rellena cada línea de espacio K, la parte central del eco es la parte central de la línea del espacio k que ocupe dicho eco.

El eco tiene esa forma porque en la parte inicial del eco los protones están un poco desfasados, según van entrando en fase la señal del eco se hace más fuerte y posteriormente poco a poco se vuelven a desfasar por eso vuelve a perder señal.

Cada codificación de fase que hacen los gradientes de nuestro equipo en el transcurso de una secuencia es una línea rellenada del espacio K. Esto es muy importante porque en secuencias avanzadas ultrarrápidas con un solo eco pero codificado en fase 20 veces rellenaremos 20 líneas del espacio K, pero eso ya lo veremos más adelante.

Como se puede imaginar si manipulamos la forma de rellenar el espacio K podemos conseguir acortar el tiempo de adquisición de la imagen. Esto da como resultado nuevas herramientas para el técnico como son el Scan Porcentaje, Half Fourier, FOV rectangular, centra y muchos más. Pero un apunte importantísimo, **las líneas centrales del espacio K son intocables**. Solo los ecos periféricos que son más débiles son los que manejaremos o eliminaremos con las herramientas.

Los ecos periféricos del espacio K no son menos importantes que los ecos centrales, la imagen es la suma de todos los ecos.

Las líneas centrales del espacio K proporcionan el contraste de la imagen y las líneas periféricas nos proporcionan la resolución de la misma. Por eso la imagen final es la suma de todos los ecos del espacio K, veamos dos ejemplos

Fig.139	Fig.140	Fig.141

Imagen obtenida con todas las líneas del espacio K

Imagen obtenida con las líneas periféricas del espacio K

Imagen obtenida con las líneas centrales del espacio K

Fig.107

Como vemos la imagen varía bastante dependiendo que líneas del espacio K utilícelos para reconstruirla.

➢ Imagen central obtenida a partir de todas la líneas del espacio K.

➢ Imagen derecha obtenida a partir de las líneas centrales del espacio K.

➢ Imagen izquierda obtenida a partir de las líneas periféricas del espacio K.

Recuerda todo el espacio K se utiliza en la formación de la imagen.

Vamos a pasar a explicar las cuatro herramientas más usadas por el Técnico para manejar el rellenado del espacio K así podremos conseguir entre otras cosas, bajar el tiempo de adquisición sin que la imagen sufra mucho deterioro en calidad o resolución.

➤ HALF FOURIER

Usando el Half Fourier adquirimos solo el 60% del espacio K. El otro 40% son datos sintéticos. Según la marca comercial de nuestra RM los datos sintéticos son copiados, clonados o sustituidos por ceros.

Baja la calidad de la imagen pero se baja muchísimo el tiempo de adquisición.

+128

DATOS ADQUIRIDOS

0

DATOS SINTÉTICOS

-127

Fig.109

➤ FOV RECTANGULAR o FOV de FASE

El FOV rectangular es una herramienta muy utilizada y que consiste en no adquirir todo el Espacio K, solo se adquieren líneas **alternas** como se demuestra en la imagen.

Se reduce el FOV en la dirección de codificación de fase.

La disminución excesiva del FOV de fase produce artefactos.

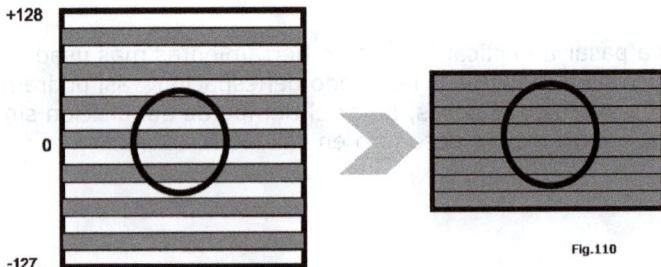

Fig.110

 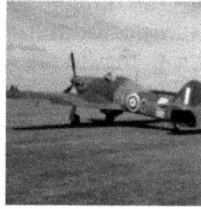

Fig.149

Fig.151

Solo dos cosas a tener en cuenta, que el FOV de FASE no puede ser menor del 50% del valor y que el píxel no se hace rectangular permanece cuadrado.

> SCAN PORCENTAJE o RESOLUCIÓN EN FASE

Se adquieren un número inferior de líneas del Espacio K. Esto lo varía el Técnico desde la consola. Al adquirir un número inferior del Espacio K el Píxel se hace rectangular.

Se gana en tiempo y señal pero se pierde resolución.

A mayor matriz de adquisición más scan porcentaje puedo aplicar.

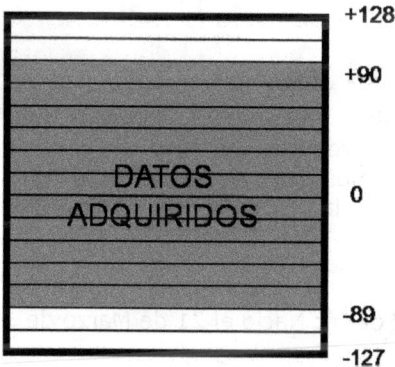

+128

+90

DATOS ADQUIRIDOS   0

-89

-127   Fig.111

En vez de adquirir 256 líneas del Espacio K adquirimos menos líneas. Las que faltan por adquirir no son copiadas o clonadas, lo que se hace es estirar las líneas adquiridas (estiramos el espacio K) hasta completar las 256 líneas necesarias para la construcción de la imagen. El píxel se hace rectangular, para evitarlo a veces algunas casas comerciales rellenan las líneas no adquiridas por ceros.

> ECO PARCIAL

Es igual que el Half Fourier pero en vez de adquirir el 60% de las líneas del espacio K lo que adquirimos es el 60% del eco.

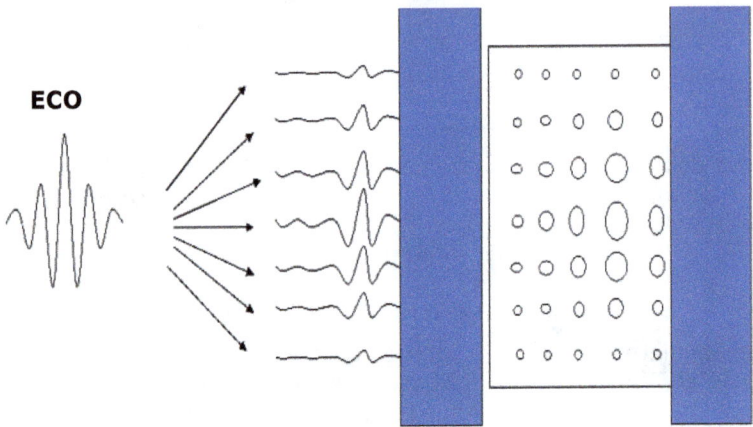

Fig.128

Se aplica sobre todo para estudios vasculares

¿CÓMO SE CREA LA IMAGEN?

Según lo que hemos visto hasta ahora, sabemos que es un imán, una antena y como guardamos los ecos en nuestro ordenador. ¿Pero como transformamos esas líneas del Espacio K en imagen? Pues bien la respuesta la encontró hace mucho tiempo Jean Baptiste Joseph Fourier.

Jean Baptiste Joseph Fourier Nació el 21 de Marzo de 1768 en

Auxerre (Francia). Inicio sus estudios de matemáticas en 1794. Publicó "La teoría analítica del calor" y estableció la ecuación diferencial parcial que gobierna la difusión del calor solucionándolo por el uso de series infinitas de funciones trigonométricas de senos y cosenos, ahora conocidas como las series de Fourier.

Falleció el 16 de mayo de 1830 en Paris (Francia).

Fig.112

Pues bien, las múltiples y complejas operaciones matemáticas que hace nuestro ordenador para interpretar la información almacenada en el Espacio K y convertirla en una imagen se realizan por las "Transformada de Fourier".

TRANSFORMADA DE FOURIER

La Transformada de Fourier se encarga de transformar una señal del dominio del tiempo, al dominio de la frecuencia, de donde se puede realizar su antitransformada y volver al dominio temporal. Esto dicho así no nos sirve de mucho. Básicamente la transformada permite descomponer cualquier señal en sus componentes frecuenciales.

Un ejemplo la representación en frecuencia, puede ser un ecualizador de un equipo de música. Las barritas que suben y bajan, indican las diferentes componentes frecuenciales de la señal sonora que estás escuchando.

Esto lo hace ni más ni menos que un integrado o chip que realiza, precisamente la transformada de Fourier de la forma más rápida posible. El trabajo con la señal en frecuencia, no solo sirve como información, sino que se puede modificar.

Fig.113

Los datos que se recogen para formar la imagen de RM son directamente datos del espacio K. El cometido de la Transformada de Fourier es trasladar las señales del espacio K al espacio imagen para tener una representación alternativa de los datos adquiridos.

OBTENCIÓN DE LA IMAGEN

Pues una vez hecho todo lo que hemos explicado, por fin conseguimos la imagen. Pero esta imagen hay que representarla en algún sitio, pues dicho lugar es la MATRIZ. Es el soporte donde se crea la imagen es una MATRIZ, es un concepto abstracto y matemático. Esta matriz no se ve, se ve solo la imagen. Pero esto lo veremos más adelante en la pág. 100

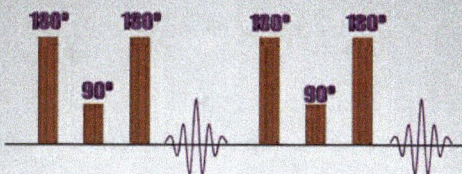

Secuencias

LAS SECUENCIAS

Las secuencias son una combinación de parámetros programables que permiten obtener imágenes. Una secuencia es una programación de pulsos de RF, tiempos de repetición, de tiempos ecos y de gradientes.

En una secuencia se pueden programar los diferentes parámetros con el fin de conseguir imágenes de contrastes diferentes.

Todo esto os puede parecer difícil pero lo vamos a explicar todo paso por paso:

1. ¿Qué es un Pulso de RF, un TR y el TE?
2. Potenciaciones más comunes en RM. T1, T2 y T2*
3. Secuencias Spin Echo (SE)
4. Secuencias Inversión Recuperación (IR)
5. Secuencias Gradiente Echo (GRE)

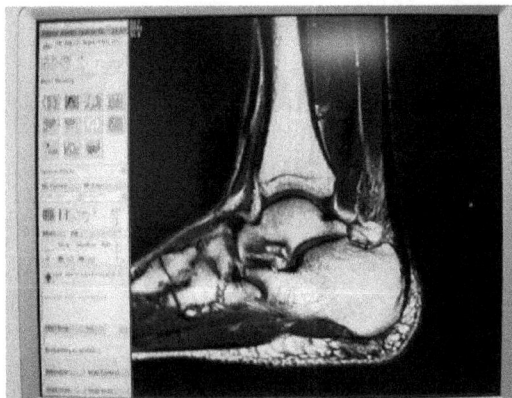

Fig.30

EL PULSO DE RADIOFRECUENCIA (RF)

Hemos dicho que a la Magnitud Longitudinal se le aplicaba RF y pasaba del eje Y al eje X (90º). Se puede controlar el ángulo por el que el vector de la Magnitud Longitudinal se angula sobre el plano XY, esto se hace emitiendo un pulso de RF de 90º ó 180º. A más tiempo de RF más ángulo de inclinación. A este tiempo de RF se le llama PULSO.

Ejemplo: pulso de 90° o pulso de 180°.

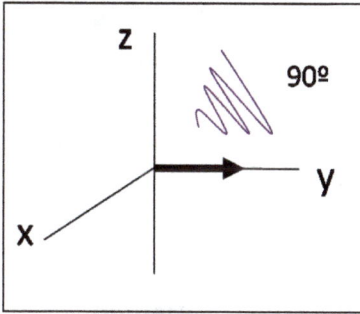

Fig.24

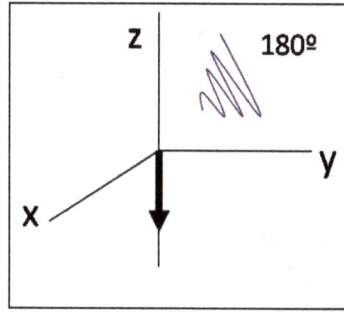

Fig.25

TIEMPO DE REPETICIÓN (TR)

Al periodo de tiempo que transcurre entre la emisión de dos pulsos de RF lo llamamos TIEMPO DE REPETICIÓN (TR).

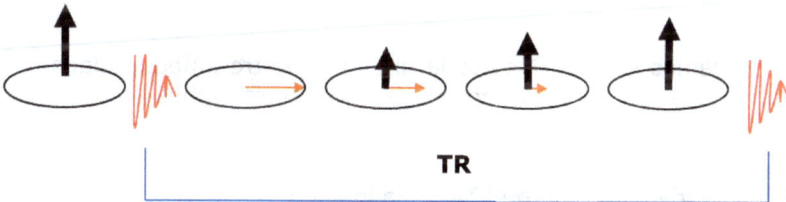

TR

Fig.31

Expliquémoslo un poquito mejor, el TR es el tiempo transcurrido entre el pulso de RF, con el que iniciamos una secuencia hasta que volvemos a enviar otra vez el pulso para repetir dicha secuencia.

El TR es un valor importantísimo en una secuencia de RM ya que influye en la imagen que vamos a obtener.

- TR LARGO señales similares de los tejidos
- TR CORTO diferencia de intensidad entre tejidos
- Imagen resultante según el TR es potenciada en T1, T2 o DP.
- TR CORTO: 400-600 m/s

- TR LARGO: 1500 en adelante

Magnitud Longitudinal

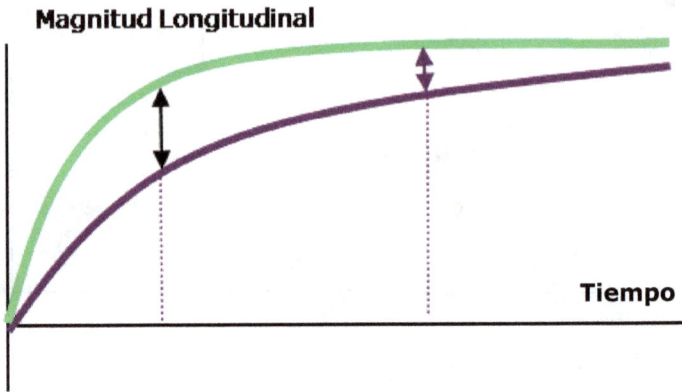

Tiempo

Fig.23

La curva de color claro es el T1 de un tejido cualquiera y la curva mas oscura de otro tejido.

Como vemos en un TR corto la diferencia entre ambos tejidos es grande, pero en un TR largo la diferencia entre ambos ya no lo es tanto.

¿Por qué depende tanto el TR en la imagen?

Pues bien como ya sabemos la Magnetización Longitudinal necesita un tiempo de recuperación. Dependiendo del TR de nuestra secuencia la Magnetización Longitudinal se recuperara totalmente o solo parcialmente, esto como es lógico, produce que obtengamos una señal u otra de los spines.

Veámoslo en el siguiente ejemplo.

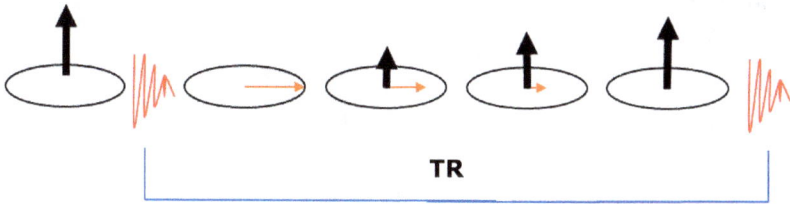

Fig.31

La Magnetización Longitudinal se ha recuperado totalmente.

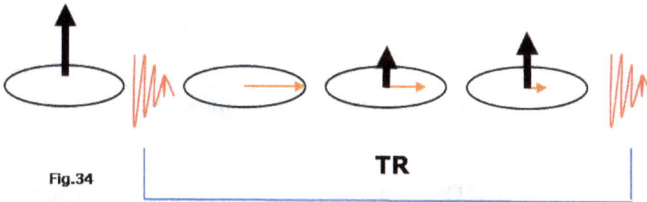

Fig.34

La Magnetización Longitudinal **NO** se ha recuperado totalmente cuando ya le enviamos de nuevo el pulso de RF. Como es imaginable la señal de ambas secuencia es diferente y por tanto la imagen obtenida diferente.

TIEMPO DE ECO (TE)

Es el tiempo transcurrido entre el envío del pulso de RF hasta la lectura de la señal o eco.

El TE, como el TR, se selecciona en función del contraste que queremos obtener en la imagen que vamos a adquirir.

- "TE" corto la imagen más potenciada o ponderada en T1
- "TE" largo la imagen más potenciada o ponderada en T2 y mejor contraste.

Fig.35

Veamos el TE en un dibujo.

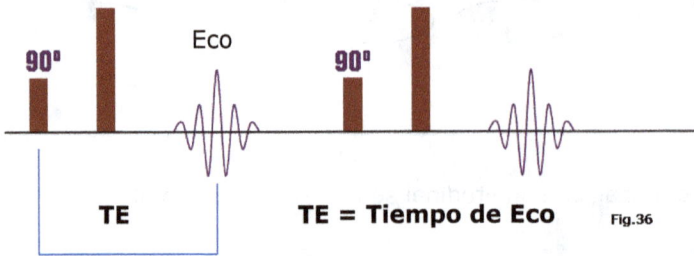

Fig.36

TE = Tiempo de Eco

Entonces como ya sabemos del TE y el TR depende la imagen obtenida, dependiendo de cómo utilicemos estos parámetros conseguiremos unas potenciaciones de las imágenes u otras.

- TR LARGO-TE CORTO, imagen potenciada en "Densidad protónica"
- TR LARGO-TE LARGO, imagen potenciada en "T2"
- TR CORTO-TE CORTO, imagen potenciada en "T1"
- TR CORTO - TE LARGO, "no hay señal"

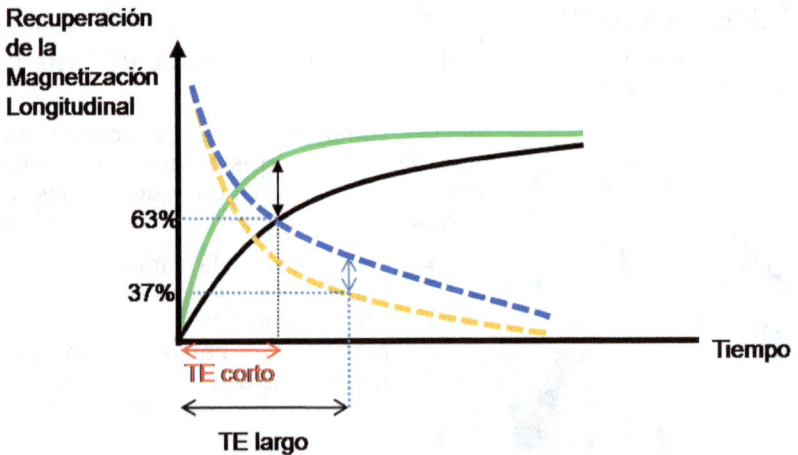

Fig.41

Imágenes potenciadas en T1

Las imágenes potenciadas también llamadas ponderadas en T1 pueden ser de dos tipos:

* TR corto -> imagen potenciada en T1

* TR largo -> imagen potenciada en densidad protónica

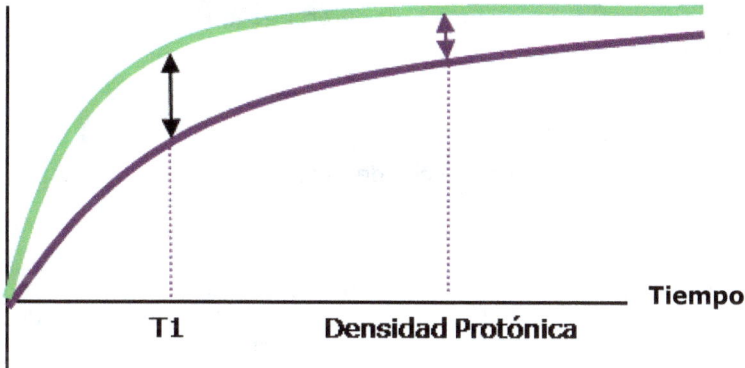

Fig.37

- Potenciación T1. La diferencia en la Magnetización Longitudinal entre dos tejidos es bastante grande y hay un mejor contraste entre tejidos.

- Potenciación Densidad Protónica. La imagen depende de la diferencia de densidades protónicas entre los tejidos.

- T1. Cuando se produce un pulso de 90º y enviamos el segundo pulso después de un TR corto, la diferencia en la Magnetización Longitudinal entre dos tejidos es bastante grande y habrá un mejor contraste entre tejidos.

- Densidad Protónica. Cuando se produce un pulso de 90º y enviamos el segundo pulso después de un TR largo, la Magnetización Longitudinal entre dos tejidos se ha recuperado bastante, por lo que habrá una pequeña diferencia de contrastes entre tejidos, o lo que es lo mismo, una pequeña diferencia en las intensidades de las señales entre los tejidos. Sin embargo existe otra diferencia, es la densidad protónica entre tejidos; esto es, que en un tejido haya más cantidad de protones que en el tejido de al lado.

La densidad protónica es el contraste más elemental de la RM.

Depende de la cantidad de agua de cada tejido (mide únicamente la cantidad de protones que hay en cada voxel).

Imágenes potenciadas en T2

En el T2 se mide la coherencia de fase de los protones para obtener la imagen.

Si medimos con un TR corto después del pulso de 90º los protones de dos tejidos diferentes apenas se desfasan unos de otros. Pero si dejo un TR largo la diferencia de desfase entre protones de distintos tejidos es muy grande y podemos obtener mayor información para crear la imagen.

Por eso las secuencias potenciadas en T2 tienen un TR largo y un TE largo. Hay que dejar tiempo para que los protones se desfasen lo suficiente para que haya diferencia entre los distintos tejidos y como consecuencia también tenemos que dejar tiempo cada vez que repetimos los pulsos de RF.

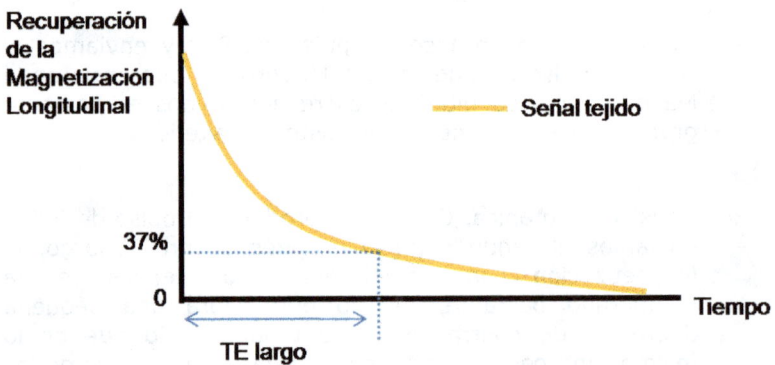

Fig. 38

Imágenes potenciadas en T2*

Aunque pueda pensarse que los CM son homogéneos en realidad no lo son del todo, presentan inhomogeneidades. El T2* es una señal que capta nuestra antena receptora justo después de la emisión del pulso de RF, cuando comienzan a desfasarse los protones; este T2* es básicamente la señal de las inhomogeneidades del CM.

Cuando va desapareciendo la M. Transversal se produce la señal de las inhomogeneidades en el campo magnético esta señal T2* se superpone al T2 verdadero con el que crearemos la imagen.

Existen varios tipos de inhomogeneidades. Por el campo magnético externo (que se anulan y veremos cómo hacerlo) y propias del protón que no se pueden anular.

Para anular la señal de las inhomogeneidades del campo magnético externo debemos saber que dichas inhomogeneidades son constantes en el tiempo y para observar la verdadera señal T2, tenemos que poder observar por segunda vez como desaparece la Magnetización Transversal.

¿Cómo lo hacemos? Después de interrumpir el pulso de 90º los protones empiezan a precesar a diferentes frecuencias (desfasarse) unos protones a más velocidad que otros, esto produce una caída de la señal (FID), la señal no se medible. Necesitamos refasar los protones para así poder medir por segunda vez la Magnetización Transversal. Esto se hace si en la mitad de un TE (TE/2) damos un pulso de 180º invertimos la magnetización, es decir, el vector suma va a ser una M. Transversal negativa, esto hace que los protones se ponen a precesar en sentido contrario y los protones más veloces cogen a los más lentos y se produce otra vez una coherencia de fase (refase). La señal que recogemos depende solamente de las propiedades inherentes de los protones, es el T2 verdadero que no podemos eliminar con dichos pulsos.

Expliquémoslo un poquito más. En un TE, momento en el que leemos la señal, se obtiene un T2 del propio tejido y otra señal que se denomina T2* producida por las inhomogeneidades del campo magnético. Esto produce un enmascaramiento del T2 de los tejidos por el T2* del campo magnético y así no se puede medir el T2; por eso si filtramos la señal con un pulso de 180º produce una precesión negativa y la coherencia en fase en sentido contrario (ver fig.26).

(ver fig.26).

Fig.26

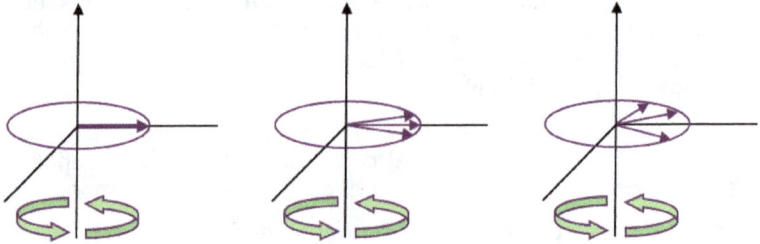

Al enviar un pulso de RF de 180º, invertimos el vector magnetización

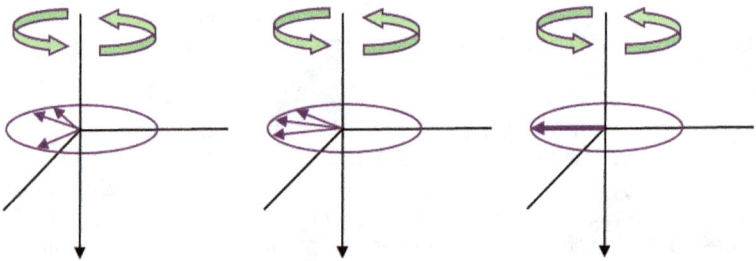

Fig.27

Al observar y volver a medir por segunda vez, como las inhomogeneidades del CM son constantes en el tiempo, al invertir la Magnetización Transversal podemos ver únicamente el T2 de los tejidos ya que desaparece el T2* (el refase de la FID es el T2 verdadero). Observemos lo explicado como una señal

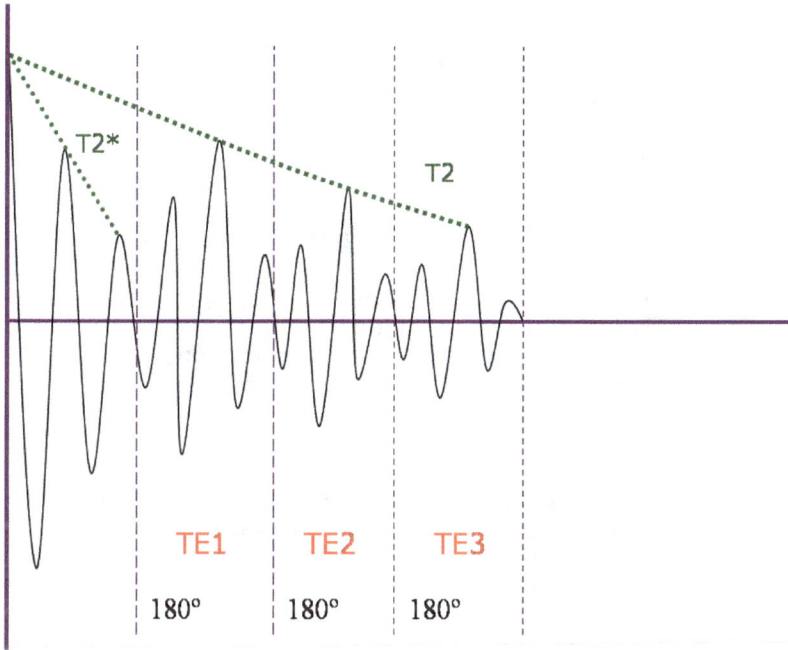

Fig.28

FID = Free Induction Decay

FID = Caída Libre de la Inducción

Lo que hemos explicado es muy importante ya que hay secuencias en T2 y otras en T2*, pero eso ya lo veremos a su debido tiempo.

TIPOS DE SECUENCIAS

Espero que tengamos los conceptos más o menos claros, pero ahora hay que complicar un poco las cosas.

La potenciación de la imagen debido a la variación del TR y TE solo influye en las secuencias "SPIN ECO", que son las más básicas y las más utilizadas. Existen otros tipos de secuencias y las imágenes se potencian con otros parámetros.

Hay distintos tipos de secuencia: Spin Eco (SE), Gradiente Eco (GRE) e Inversión Recuperación (IR).

También existen distintos parámetros: Tiempo de Repetición (TR), Tiempo de Eco (TE), Tiempo de Inversión (TI) y Ángulo de Inclinación (FLIP).

❖ En secuencias Spin-Echo la imagen depende del TR y TE
❖ En secuencias Gradiente-Echo la imagen depende del FLIP o ángulo de la Magnetización.
❖ En secuencias Inversión-Recuperación la imagen depende del Tiempo de Inversión (TI).

Cada casa comercial pone sus nombres a sus secuencias y muchas de las que hay son iguales, lo único que cambia es el nombre de la secuencia, no la secuencia en sí. Ahora vamos a estudiar las secuencias básicas de RM.

Las secuencias son representadas en dibujos o diagramas, vamos a aprender a interpretar un dibujo.

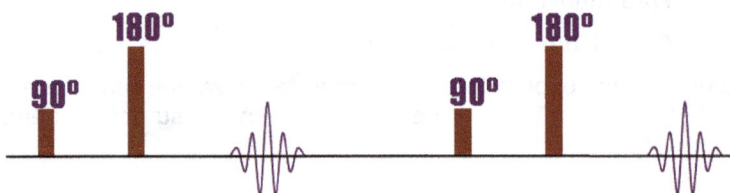

Fig.39

Las barras verticales representan los pulsos de RF más o menos largos y la imagen en zigzag representa en Eco.

También las secuencias se representan con diagramas como las partituras de una canción. Vamos a aprender a interpretar una secuencia en un diagrama.

Los diagramas constan de seis líneas sucesivas que representan los sucesos.

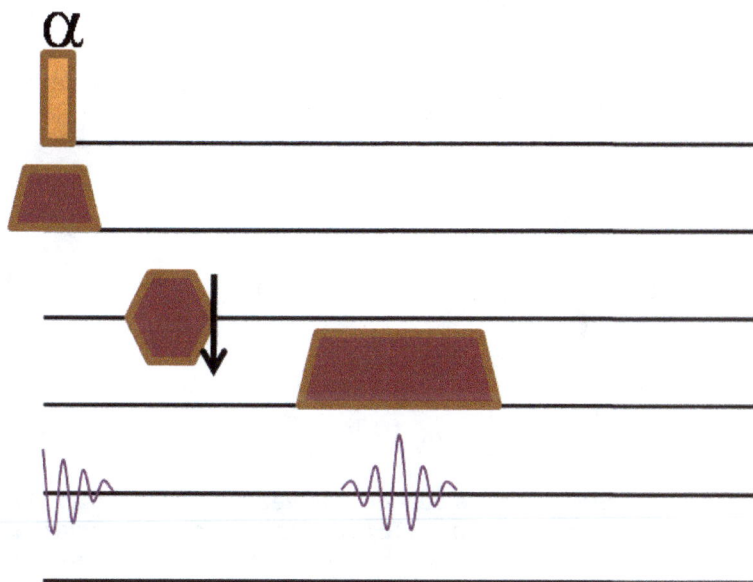

Fig.33

En la primera línea se representan los pulsos de RF y el ángulo de los mismos.

En la segunda línea se representa el gradiente de selección de corte.

En la tercera línea se representa el gradiente de codificación de fase.

En la cuarta línea se representa el gradiente de lectura o de frecuencia.

En la quita línea se representan las señales, en la fig.33 he representado la FID y el ECO.

En la sexta línea casi nunca se representa pero en teoría es para poner el TE y TR.

Esto que acabamos de ver es muy importante conocerlo.

SECUENCIA "SPIN ECO" (SE)

Se caracteriza porque se emite un pulso de 90º y en la mitad del tiempo de eco (TE/2) se emite otro pulso de 180º y transcurrido otro TE/2 se obtiene la señal que va a formar la imagen.

Las imágenes Spin Eco se pueden ver en todas las potenciaciones (T1, T2 y DP) para optar por un tipo de imagen u otra modificaremos el TR y el TE.

Fig.39

El pulso de 180º se utiliza cuando una vez dado el pulso de 90º y pasado un cierto tiempo (TE/2), los protones empiezan a desfasarse, ya que tienen distintas velocidades. Para su refase se da un pulso de 180º, con esto conseguimos que los protones precesen en dirección contraria, los más veloces alcanzan a los más lentos y colocándose de nuevo en fase.

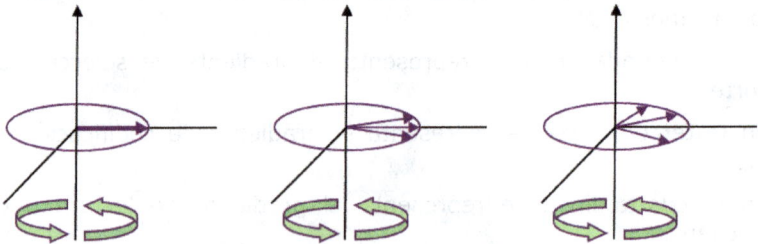

Fig.26

Damos un pulse de 180º, y al invertir la magnetización los protones se refasan.

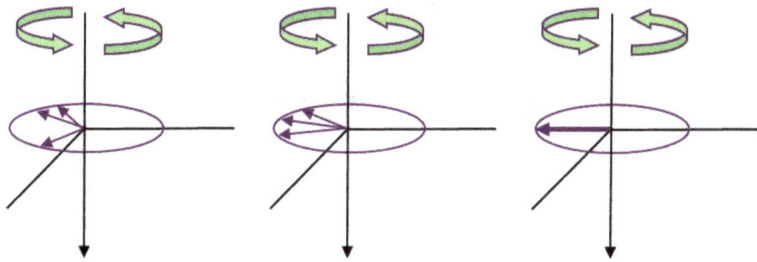

Fig.27

Diagrama de la secuencia SE

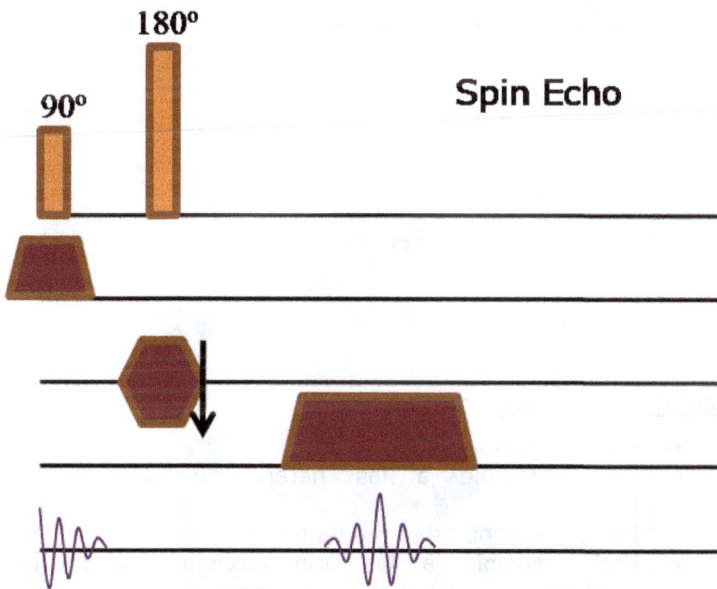

180°

90°

Spin Echo

Fig.17

Potenciaciones de la secuencia SPIN ECO

Como ya sabemos pueden ser T1, T2, o DP, dependiendo del TE y TR.

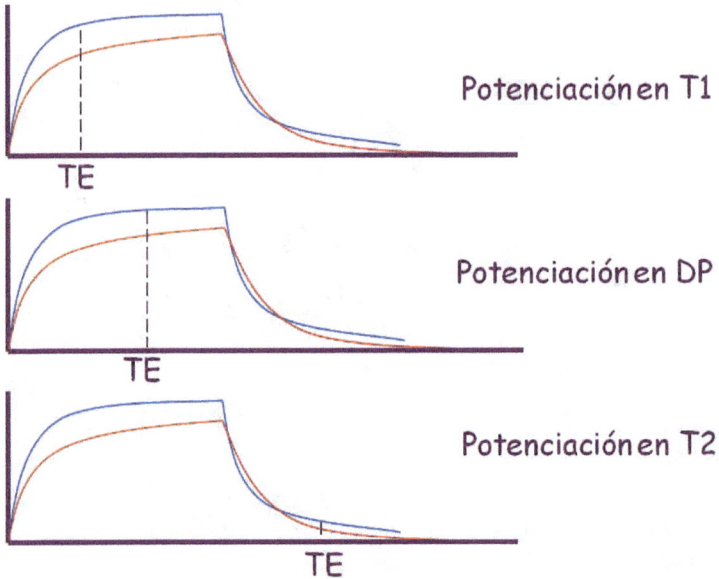

Potenciación en T1

TE

Potenciación en DP

TE

Potenciación en T2

TE

Fig.40

Ventajas de la secuencia SE

- Buena relación Señal/Ruido
- Poco sensible a las heterogeneidades del Campo Magnético
- Rango de contrastes muy amplio
- Poco sensible a las imperfecciones producidas por gradientes, pulsos de RF imperfectos.
- Aplicación clínica en T1

Inconvenientes de la secuencia SPIN ECO

- Tiempo de exploración largo (T2 y DP)
- No permite TE muy cortos por la utilización de RF para el refase
- Sensible al movimiento y al flujo

Parámetros aproximados de la secuencia SE

Spin-Echo	TR Tiempo de Repetición	TE Tiempo de Eco
T1	Corto 300 a 700 ms	Corto 10 a 40 ms
T2	Largo más de 1500 ms	Largo 60 a 100 ms
DP Densidad Protónica	Largo 1500 a 3000 ms	Corto 10 a 40 ms

SECUENCIA INVERSIÓN RECUPERACIÓN (IR)

Las secuencias IR son muy utilizadas en los estudios de RM, ya que aportan mucha información para la localización de la patología. No son imágenes de calidad para ver anatomía.

Se basan principalmente en suprimir o saturar la señal que produce la grasa de los tejidos. Se utilizan para diferenciar tumores, metástasis, esclerosis múltiple, etc.

Estas secuencias también son conocidas como secuencias de SATURACIÓN.

<u>Ventajas de las secuencias IR</u>

- Suprime la señal de la grasa.
  - Caracterización tisular
  - Reducción de artefactos producidos por la grasa
- Aumenta relativamente el contraste
- Suprime la señal de agua (FLAIR)
- Secuencia aditivo en T1, T2 y DP.

<u>Inconvenientes de la secuencias IR</u>

- Tiempo de exploración muy largo
- Sensible al movimiento

La secuencias IR más utilizadas son:

➢ STIR (Short Time Inversion Recovery):

Se compone de un pulso de 180º más otro de 90º y por último otro de 180º.

Al tiempo entre el primer pulso de 180º y el de 90º se llama tiempo de inversión (TI).

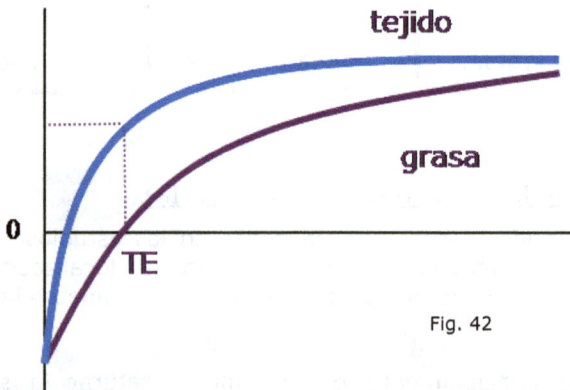

Fig. 42

Básicamente, esta secuencia funciona de la siguiente forma, al dar un pulso de 180º la curvas de recuperación de los tejidos pierden su valor (como podemos ver en la Fig.42). Si decidimos recibir la señal en un TE determinado, cuando la señal de la grasa es cero (línea oscura), obtendremos las señales de los otros tejidos (línea más clara).

Los valores para la supresión de la grasa dependen del imán y los gradientes que tenga nuestro equipo de RM.

Veamos un ejemplo de secuencia STIR

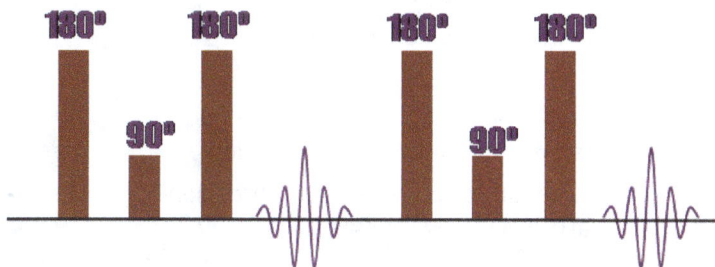

Fig.43

Pulso de 180º y secuencia SE. Al recuperarse la magnitud longitudinal desde más lejos las curvas se separan más y por eso aumenta el contraste.

En esta secuencia el tiempo de inversión (TI) es corto.

Como ya sabemos predominan en número los protones paralelos a los anti-paralelos, al dar un pulso de 90º se igualan, pues en los STIR predominan el número de protones anti-paralelos a los paralelos, ya que al dar un pulso de 180º todo el eje de coordenadas se invierte (Fig.26 y Fig.27).

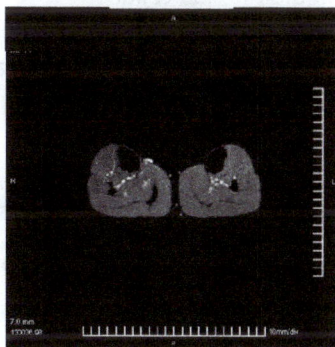

Fig.44

- Características:
Reduce la señal de la grasa

Aumenta la diferenciación tisular

Reduce los artefactos producidos por la grasa

Se suman los efectos T1+T2+DP

Aumento relativo del contraste

- Reconstrucción de la imagen:
Existen dos formas de reconstrucción:
  A) Reconstrucción Real. La obtención de la escala de grises para la representación de la señal se obtiene con respecto a la posición de todos los vectores recuperación en el eje de coordenadas.
  B) Reconstrucción Modular. La escala de grises se obtiene no con respecto a la posición de los vectores recuperación si no al valor que posee cada uno de ellos.

Normalmente se utiliza la reconstrucción modular.

> FLAIR (Fluid Attenuated IR):

Es una secuencia con un tiempo de inversión (TI) largo para eliminar la señal del liquido de los tejidos.

La adquisición de la señal se produce cuando el valor del agua es cero. Como podéis ver esta vez no saturamos la grasa pero sí el agua

Las lesiones que son cubiertas por la señal brillante de los fluidos en imágenes potenciadas en T2, son hechas visibles con la utilización de secuencias FLAIR.

Secuencia fundamental en el estudio de lesiones de cerebro y medula espinal.

- Características:
  Suprime la señal de agua

  Aumenta el contraste

  Resalta las lesiones cercanas al LCR

  Elimina señal de tejido en T1 corto

Existen un tipo de secuencias FLAIR combinadas con STIR que se usan principalmente para las RM ENCEFÁLICAS y que anulan la señal de dos tejidos simultáneamente, son un poco complejas y no las vamos a explicar, solo decir que se basan en dar dos pulsos de 180º con un determinado tiempo entre ambos y así se consigue anular las señales de la grasa y los fluidos simultáneamente, consiguiendo que se vea la sustancia gris solo o la sustancia blanca solo. Se las denominan:

Gris solo: Se elimina la señal del LCR y la grasa.

Blanca solo: Se elimina la señal del LCR y del agua.

> FASE y FASE OPUESTA (DUAL ECO):

Se basa en la distinta frecuencia de precesión de la grasa y el agua.

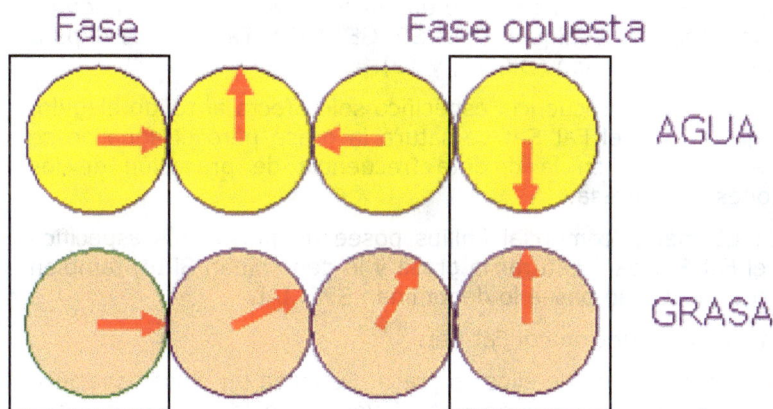

Fig.121

Adquirimos el eco cuando ambos tejidos están en fase y volvemos a adquirir otro eco en la fase opuesta. Por el mismo precio adquirimos una imagen normal (visualizamos los dos tejidos) y otra imagen con supresión grasa.

Cada CM tiene unos tiempos de fase y fase opuesta. Cuanto menor sea el campo magnético más tiempo de eco necesitaremos para la fase y fase opuesta.

Una característica de esta secuencia es que las imágenes obtenidas en fase opuesta tienen un borde negro, esto se debe a los voxeles del borde de la estructura que contienen los dos tejidos y al reconstruir la imagen aparece dicho borde negro. Ya hablaremos del voxel y la reconstrucción más adelante.

SATURACIONES SIN SECUENCIAS

Se trata de métodos de saturación de la grasa, agua, silicona etc. pero **no son secuencias.**

- FAT SAT (Saturación de la grasa)

- FAT Water

- FAT Silicone

Se trata de dar un pulso de radiofrecuencia previo especifico de la grasa, agua o silicona, según lo que deseemos saturar, seguido de una secuencia de cualquier tipo (SE, GE, TSE). También sirve para cualquier potenciación (DP, T1, y T2).

El pulso de radiofrecuencia específico solo afecta al tejido elegido, por ejemplo en el Fat Sat se satura la grasa pero el agua no se altera. Se basa en la distinta frecuencia de precesión de los protones de la grasa.

Nota: La marca comercial Philips posee un pulso más específico que el Fat Sat para saturar la grasa y lo denominan SPIR, también General Electric lo posee lo denominan SPECIAL.

Veamos cómo funciona el Fat Sat.

Hay dos tejidos uno de ellos es grasa. Se lanza un pulso especifico de la grasa y conseguimos que el vector de la magnitud grasa cambie de orientación.

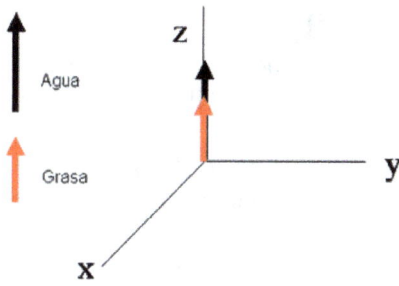

Fig.117

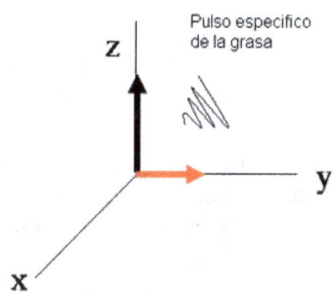

Fig.118

Con el gradiente de la magnetización transversal anulamos la señal, los desfasamos y así no dan señal.

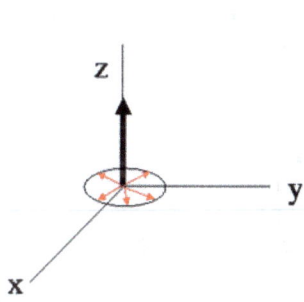

Fig.119

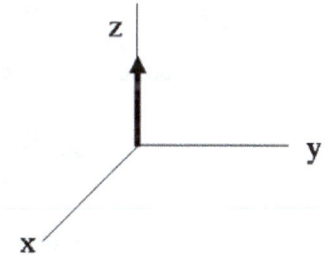

Fig.120

Después de esto la grasa queda anulada y solo nos queda la señal del agua. Seguidamente aplicaremos cualquier secuencia.

Al aplicar una secuencia FAT SAT se suprime la señal de la grasa pero los demás tejidos cambian su intensidad, debido a que el pulso previo altera el rango dinámico de los protones.

- Características:
  Utilizable en todo tipo de secuencias

  Puede utilizarse con un medio de contraste (Gadolinio)

  Muy sensible a las inhomogeneidades de CM.

Pierde efectividad con FOV grandes o alejados del centro del CM

SECUENCIA "GRADIENTE ECO" (GRE)(GE)

Secuencias cuyo primer pulso de RF no inclina el vector Magnetización Longitudinal 90°, sino que lo inclina entre 10° y 80°.

Por lo tanto nunca desaparece totalmente el vector Magnetización Longitudinal. Con esto conseguimos una señal razonable usando tiempos de repetición (TR) cortos.

Las GE son secuencias de pulso en la que los ecos se generan por inversión del gradiente de lectura*, sin pulso de RF de 180°. Al aplicar un gradiente de lectura tras enviar un pulso de RF, los spines tienen diferentes frecuencias y por lo tanto diferentes velocidades. Al invertir el gradiente de lectura se altera la velocidad, con lo que aquellos spines que antes de la inversión precesaban a una frecuencia menor que la media, precesarán después a una frecuencia mayor que la media. En un tiempo dado los protones producirán en ECO.

¿Qué son los Gradientes*? Ya lo hemos visto (Pág.32) en la sección **Creación de la Imagen** pero vamos a recordarlo. Los gradientes son una parte de nuestro equipo de Resonancia que producen pequeñas alteraciones en el campo magnético codificada espacialmente. Son electroimanes resistivos colocados en los tres ejes del espacio (X,Y,Z) que se apagan y encienden muchas veces durante una secuencia de RM (produciendo un ruido típico). Al aplicar los gradientes a un paciente, diferentes regiones de éste estarán expuestas a diferentes fuerzas magnéticas con lo que los protones también precesarán a distintas frecuencias.

Los Gradientes se utilizan para tres operaciones básicas: selección de corte, codificación de fase y codificación de frecuencia.

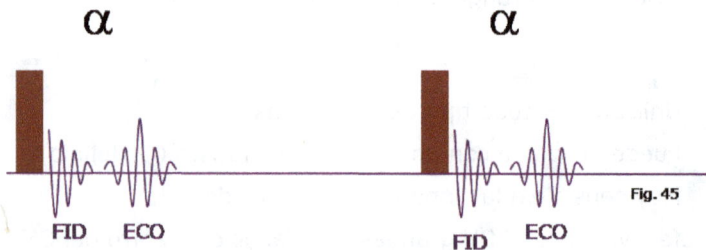

Fig. 45

α Ángulo de inclinación (Flip angle).

FLIP es el ángulo de inclinación del vector suma de los spines (M) sobre un eje de coordenadas (x,y,z,).

En las secuencias Gradiente-Eco el FLIP determina la potenciación de la imagen (T1 y T2).

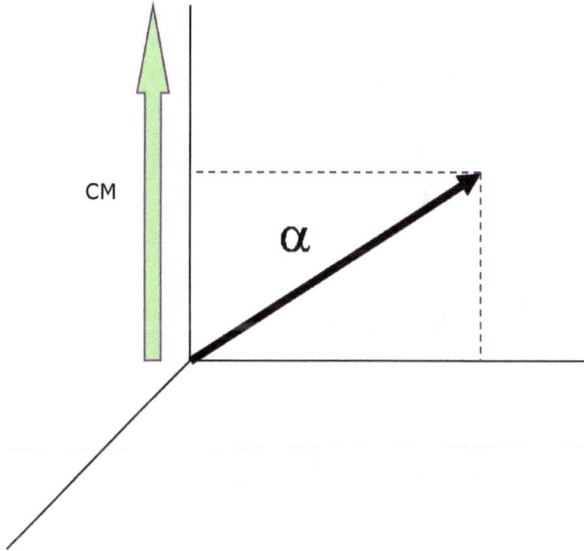

Fig.122

*la flecha de color claro indica la dirección del Campo Magnético.

Cuando aplicamos un FLIP determinado a la Magnetización Longitudinal, esta se tumba pero antes que se recupere volvemos a aplicar otro gradiente y la volvemos a tumbar, así repetidas veces con un TR corto.

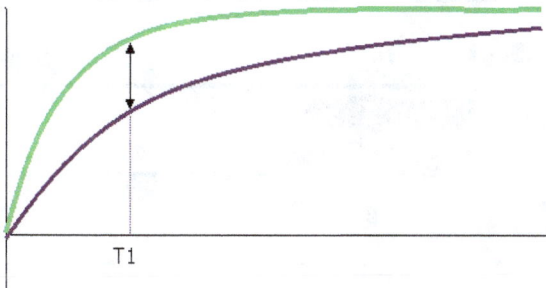

Fig.145

Veamos la fig.145, una curva de la Magnetización Longitudinal normal y otra cuando aplicamos una secuencia GE (fig.123).

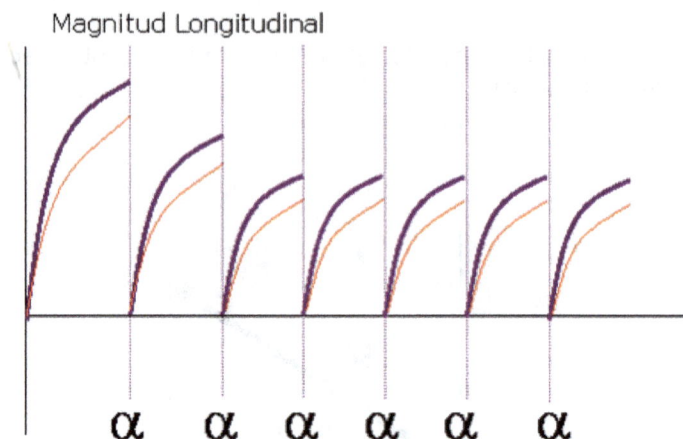

Fig.123

Como vemos en el grafico a partir de la aplicación del 3º gradiente en adelante, las curvas apenas varían unas de otras, por eso decimos que la magnetización longitudinal es estacionaria.

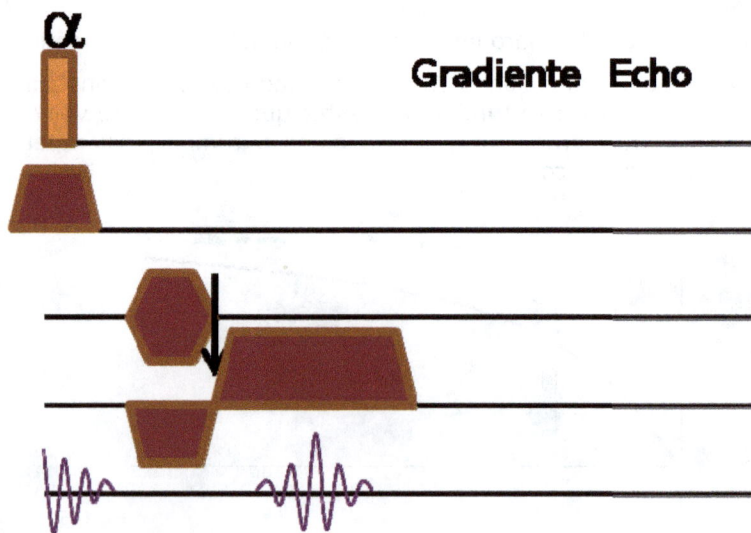

Fig.74

Las secuencias GE utilizan la Magnetización Longitudinal cuando alcanza su estado estable. La Magnetización Transversal se destruye con un gradiente llamado Spoiled, que actúa como si fuese un pulso de RF que desfasa los protones y por eso desaparece la poca señal que nos pudiera dar. Recordar que el desfase de los protones lo produce un cambio de gradiente y no un pulso de RF como en las secuencias Spin Eco.

Se logran las diferentes potenciaciones de los tejidos con los distintos FLIP aplicados, esperando un determinado tiempo para que se produzcan las diferenciaciones titulares que buscamos según la potenciación.

En este tipo de secuencias no se corrigen las inhomogeneidades del CM, (no hay pulso de 180º como en SE) por eso para la potenciación T2 se usa el T2*(pag.61).

Estas secuencias NO son muy utilizadas en la práctica, se usan GE rápidas y las estudiaremos más adelante

Parámetros aproximados de las secuencias GE clásicas

Secuencia Gradiente-Echo	FLIP Ángulo de Inclinación	TR Tiempo de Repetición	TE Tiempo de Eco
T1	50º a 90º	Corto 200 a 400 ms	Corto 8 a 15 ms
T2	10º a 30º	Corto 200 a 400 ms	Corto 30 a 60 ms

Las secuencias GE clásicas son muy lentas y no se usan en su defecto se utilizan las secuencias Turbo EG o Fast GE, pero eso lo veremos más adelante.

SECUENCIAS RÁPIDAS

Muy bien ya hemos visto que según manipulamos la forma de rellenar el espacio K acortamos el tiempo de la secuencia. ¿Pero y si modificamos la forma de rellenar el espacio k con los ecos? ¿Ganaremos tiempo? ¿Cómo saldrá la imagen? vamos a verlo.

La manipulación de la forma en rellenar el espacio K da lugar a nuevas secuencias tanto en SE como en GE para nuevas aplicaciones en la RM.

SECUENCIAS RÁPIDAS SPIN ECO

- TSE (Turbo Spin Eco) o FSE (Fast Spin Eco):

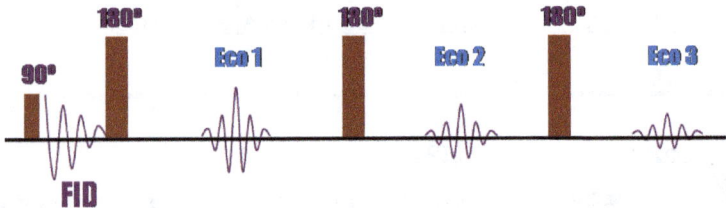

Fig.41

La secuencia Fast SE es una modificación de una secuencia SE. Como podemos apreciar en el dibujo después de un pulso de RF de 90º se lanza otro pulso de 180º y conseguimos un eco, hasta aquí es una secuencia Spin Eco clásica, pero lo que sucede ahora es que se vuelve a enviar otro pulso de 180º para un refase de los spines y volver a conseguir otro eco, es un eco de peor calidad pero en un eco que puede ser útil dependiendo donde lo coloquemos en el espacio K. Así se repiten tantos pulsos de 180º como ecos queramos.

Pueden obtenerse imágenes fuertemente potenciadas en T2. Otra ventaja sobre SE convencional es que se pueden hacer secuencias 3D de cortes finos potenciadas en T2.

La mayor desventaja de esta secuencia es la cantidad de RF por el empleo de pulsos de 180º, la alta intensidad de la señal de la grasa y los artefactos borrosos.

Vamos a ampliar lo que ya sabemos de la secuencia TSE.

Hemos dicho que después de un pulso de 180º obtenemos un eco, pues esto no es así del todo, cada eco no es un eco único sino que representa un grupo de ecos (tren de ecos).

TREN DE ECOS o FACTOR TURBO: Es el parámetro de la secuencia que determina el número de ecos codificados en fase después de cada pulso de RF. Es decir el número de ecos que escucho antes de emitir el siguiente pulso de RF. En vez de recibir un eco por cada pulso de RF de 180º por que no cogemos un grupo de ecos por ejemplo cinco.

Realmente la secuencia seria así

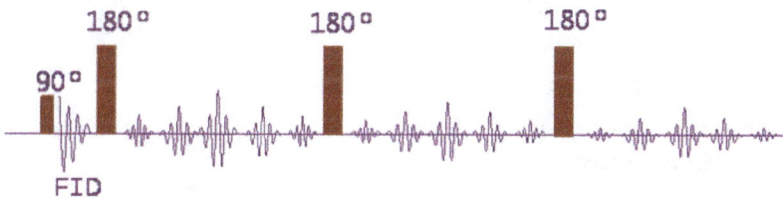

Fig.129

La secuencia es más rápida al SE tradicional debido a que con cada pulso de RF obtenemos varios ecos y llenamos antes el espacio K. Pero no llenamos el espacio K de cualquier forma ya que como vemos en el grafico no es lo mismo el primer eco del tren de ecos que el tercero.

El relleno del espacio K en TSE es así.

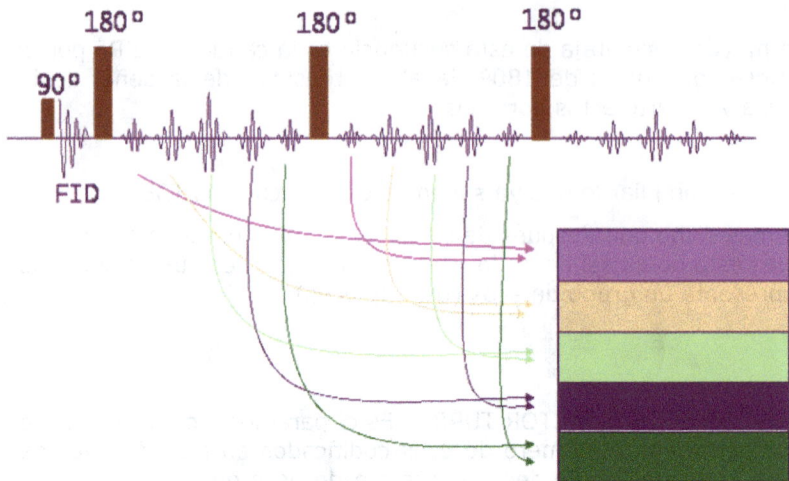

Fig.130

Como vemos los ecos más débiles son colocados en las líneas periféricas del espacio K y los ecos más fuertes en las líneas centrales. Además los primeros ecos de los diferentes trenes de ecos son colocados todos en el mismo grupo de líneas del espacio K, los segundos en el siguiente grupo de líneas, así sucesivamente.

- SINGLE SHOT TSE (Disparo único)(SSh):

Es una secuencia FSE pero con un solo pulso de RF adquiero todos los ecos necesarios para rellenar todas las líneas del espacio K.

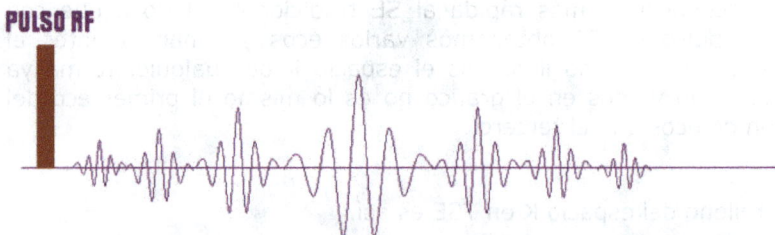

Fig.131

Como es natural los ecos más débiles irán colocados en las líneas periféricas del espacio K y los ecos más fuertes se colocaran en las líneas centrales del espacio K.

Esta secuencia se usa para ver estructuras con un T2 largo en cambio en estructuras con un T2 corto aparece un artefacto.

En la imagen producida por una secuencia Single Shot se aprecia más borrosidad que en la imagen TSE normal, esto es debido a la gran deferencia que existe entre los ecos iniciales y finales.

- HASTE

Es una combinación de secuencia Single Shot + Half Fourier(pag.48)

Adquirimos con un solo pulso los ecos necesarios para rellenar el 60% del espacio K y el 40% restante lo rellenamos con ceros.

SECUENCIAS RÁPIDAS ECO DE GRADIENTE

Las secuencias **rápidas GRE** se basan en las secuencias **GRE clásicas** pero con TR ultracortos por debajo de 50 a 100 ms, esto permite que los tejidos con un T2 largo mantengan su magnetización transversal. La Magnetización Longitudinal, Magnetización Transversal y la precesión libre apenas se mueven se quedan en un estado estacionario llamado Steady State Free Presesión (SSFP).

Estas secuencias crean tres tipos de señales, la FID que se produce tras el primer pulso de RF, otra SE que se crea con el segundo pulso de RF y finalmente un eco estimulado (STE) que se produce tras el tercer pulso de RF.

Todas las secuencias rápidas en GE son con estado estacionario de la Magnetización Longitudinal.

Existen dos grandes grupos de secuencias rápidas de GRE:

1. Coherentes, No destruyen la Magnetización Transversal residual solo se refasa total o parcialmente (Steady State)

2. Incoherentes, que destruyen la Magnetización Transversal residual antes de cada pulso de excitación (Spoiled)

1- SECUENCIAS GE COHERENTES:

Este tipo de secuencias se dividen a su vez en dos grupos

- FISP o FFE o GRASS: (según la marca comercial)

Son secuencias basadas en un refase **parcial** de la Magnetización Transversal, que no vamos a explicar en profundidad, solo vamos a decir que utilizan la señal de la FID, son muy útiles y rápidas para el estudio del sistema articular, obtienen un contraste T1/T2*.

Gradiente Echo Coherentes
Refase Parcial

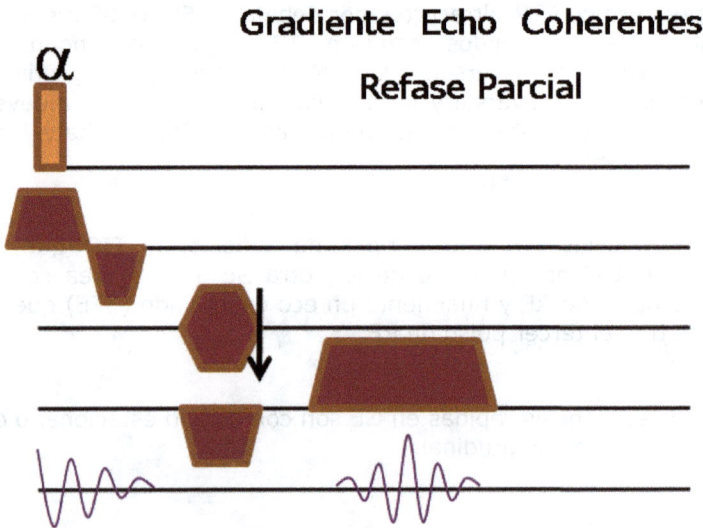

Fig.146

- TRUE-FISP o BALANCE o FIESTA: (según la marca comercial)

Son secuencias basadas en un refase **total** de la Magnetización Transversal. Permiten hacer estudios vasculares sin contraste.

Se basan como las anteriores en tiempos TR ultracortos con la peculiaridad de que cuando aplicamos un gradiente inmediatamente aplicamos otro igual pero en sentido contrario para equilibrar los protones, así compensamos todo lo que se desfasan.

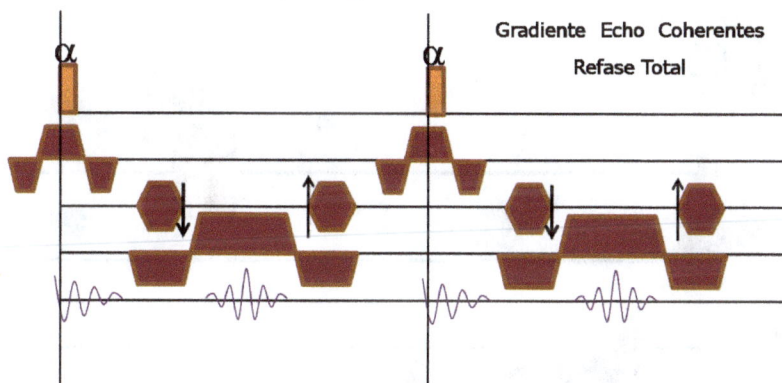

Gradiente Echo Coherentes

Refase Total

Fig.147

Tanto la Magnetización Longitudinal como la Transversal contribuyen en la señal. La señal se obtiene de sumar la FID y el eco estimulado (STE) de la secuencia

*Características:

Los fluidos aparecen más brillantes

Alta señal de los líquidos y grasa

Contraste predominante SE mixto (T1 y T2*)

2- SECUENCIAS GRE INCOHERENTES:

- FLASH o T1 FFE o SPGR: (según la marca comercial)

Se destruye la Magnetización Transversal totalmente, se le denomina SPOILING, y se puede hacer con pulsos de RF o aplicando un gradiente. Como solo se puede medir la Magnetización Longitudinal las imágenes están únicamente potenciadas en T1 o DP.

Gradiente Echo Incoherentes

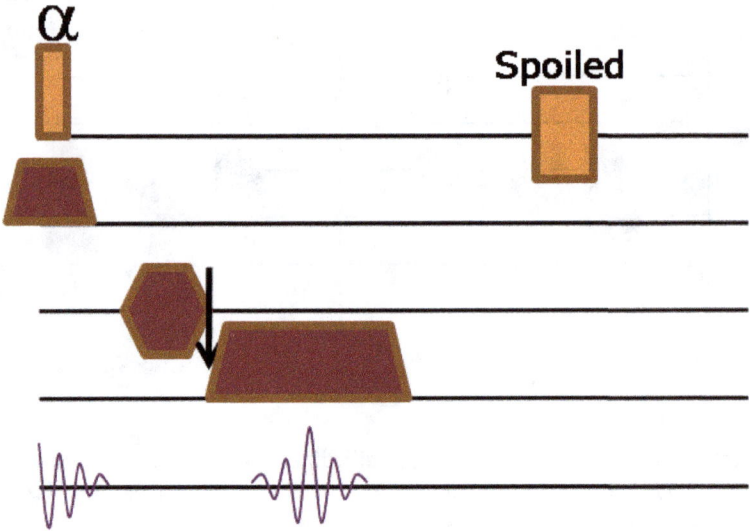

Fig.148

Aparte de los dos grupos anteriores existe una secuencia que prepara la magnetización mediante un pulso de inversión. Es una secuencia Ultra Rápida GE, llamada **TFE, FSPGR, TURBOFISP o TURBOFLASH**:

Es como la secuencia GE clásica (pág.76) pero con TR ultracortos. Justo al principio de la secuencia damos un pulso de RF, con este pulso conseguimos una preparación tisular previa a la adquisición de la señal y así logramos las diferentes potenciaciones. Para potenciaciones T1 los pulsos son de 180º.

GE clásica

Magnitud Longitudinal

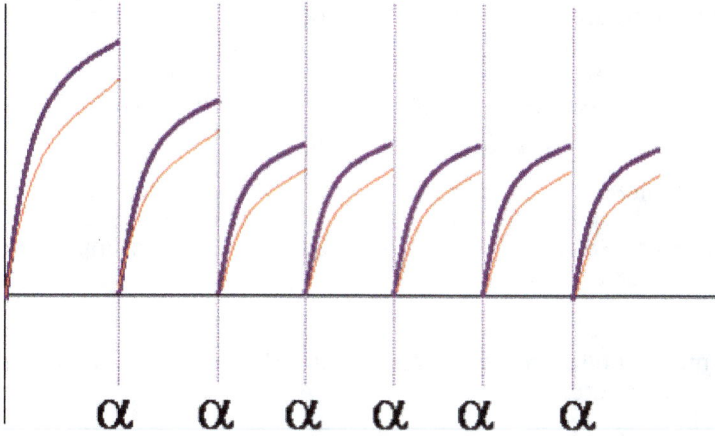

Fig.123

Turbo Eco de Gradiente

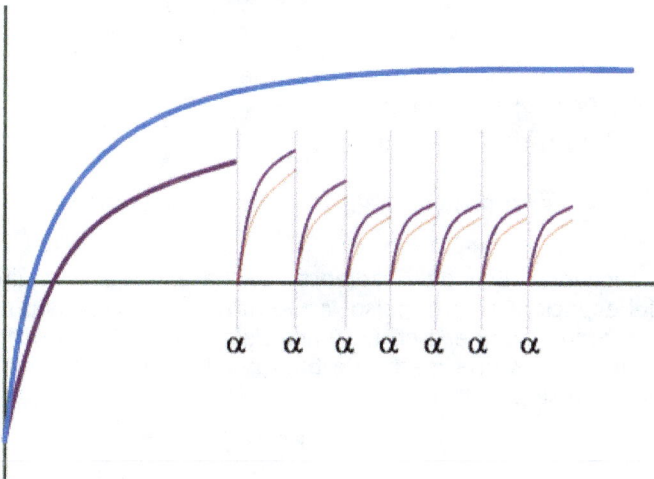

Fig.132

Al invertir la Magnetización Longitudinal con el pulso de 180° hay más recorrido de las curvas de recuperación (fig.132). Empezamos a adquirir las señales antes de que la Magnetización Longitudinal llegue al estado estacionario.

En la secuencia se utilizan varios pulsos de RF, cuando pasa el tiempo necesario para ver la diferenciación tisular deseada, se aplica el pulso de RF inicial de la secuencia. Al tiempo que transcurre entre el primer pulso de preparación tisular y el pulso de inicio de la secuencia se llama TIEMPO DE PREPARACIÓN.

Se denomina FACTOR TURBO o TREN DE ECOS al número de líneas del espacio k que se llenarán con cada pulso de preparación. Según el factor turbo elegido tendremos una imagen más o menos borrosa.

Es muy utilizada para estudios vasculares, dinámicos, abdominales, etc.

SECUENCIAS ULTRA-RÁPIDAS

Actualmente las secuencias más rápidas y con más aplicaciones clínicas son:

1. Eco Planar: es una secuencia EG
2. GraSE: es una secuencia híbrida entre GE y SE.

• ECO PLANAR o ECHO PLANAR IMAGING (EPI):

Es una secuencia Eco de Gradiente. Se basa adquirir múltiples líneas del espacio K tras el pulso de RF. En su forma más pura se adquieren todas las líneas en un único pulso de RF (single shot) y si a esto le unimos una matriz de baja resolución obtenemos una forma de adquisición ultrarrápida.

La secuencia EPI es la siguiente.

Fig.133

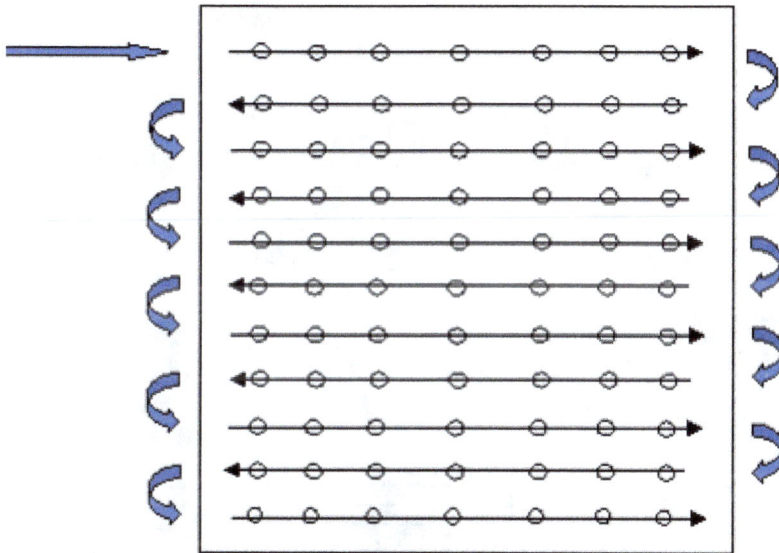

Fig.134

Después de aplicar un pulso de gradiente obtenemos un tren de ecos en un TR larguísimo, pero la colocación de los ecos en el espacio K es un relleno en **zig-zag**. Esto se consigue con los gradientes de nuestro equipo.

Como vemos es una forma rapidísima de rellenar el espacio K.

Si con un solo tren de pulsos conseguimos llenar todo el espacio K, la denominamos EPI Single Shot (SSh) (Fig.133 y 134). Si por casualidad necesitamos varios trenes de ecos en varios TR se le denomina EPI Segmentada. Vamos a verla.

En la EPI SEGMENTADA. Lo que hacemos es utilizar ecos segmentados, esto es, que un eco lo rompemos en muchos ecos y a cada nuevo eco le aplicamos una codificación de fase para que así rellene una línea del espacio K.

Cada eco del tren de ecos se coloca en la región correspondiente del espacio k.

El tipo de relleno como vemos es igual al de la secuencia TSE pero lo con la diferencia rellenamos en **zig-zag**.

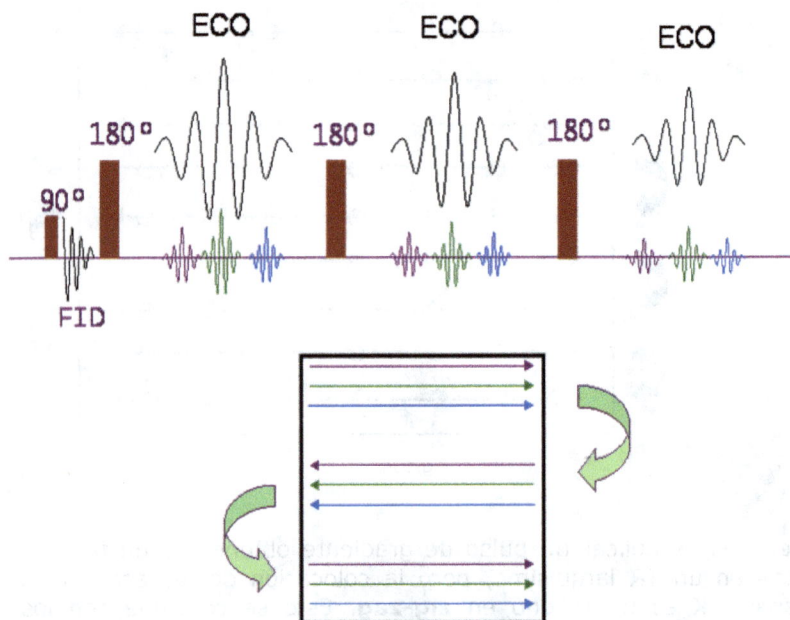

Fig.135

El sistema de ecos segmentados no solo se usan en secuencias EPI, por ejemplo la secuencia TFE lo utiliza la para la adquisición.

90

- GraSe (Gradient and Spin-Echo):

Esta secuencia híbrida entre FSE y EPI. Básicamente es como una secuencia FSE pero cada eco es roto en múltiples ecos por los gradientes mediante cambios de polaridad muy rápidos del gradiente de lectura. Es decir cada eco conseguido por TSE se descompone en ecos de gradiente EPI.

Esta secuencia utiliza parte de EPI y FSE, pero es más FSE que EPI.

La adquisición puede ser Single Shot (SSh) o segmentada.

FORMAS DE RELLENAR EL ESPACIO K

Como hemos visto hay varias formas de rellenar el espacio K, vamos a recordarlas.

Forma lineal, forma utilizada por las secuencias SE

Fig.136

Relleno EPI:

1. Single shot

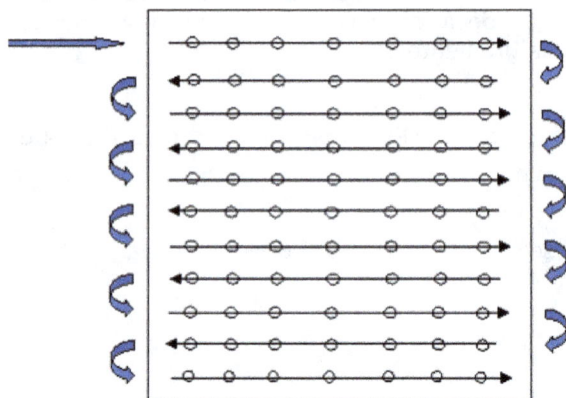

Fig.134

2. Segmentado

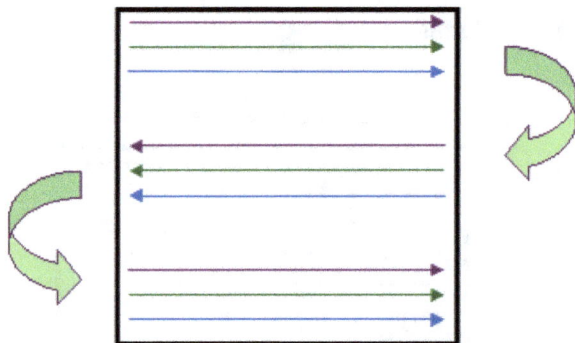

Fig.137

Existen otro tipo de rellenos en espiral, de forma radial, etc. pero que en la práctica no son muy utilizadas, por eso no vamos a hablar de ellos, solo se usan para algunas secuencias de cardio.

Otro tipo de relleno que si se usa es CENTRA, VIBE, LAVA, (según la casa comercial). Es muy complejo de explicar pero básicamente diremos que el espacio K es tridimensional

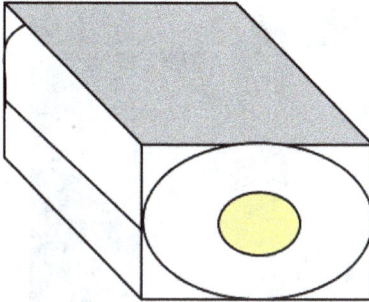

La parte gris del dibujo es el espacio k que ya conocemos en 2D. La tercera dimensión se consigue haciendo distintas codificaciones de fase para así poder hacer cortes 3D.

Fig.138

Este relleno se usa para estudios vasculares con inyección de contraste. Consiste en rellenar el centro del espacio K tridimensional (circulo amarillo) de forma aleatoria cuando la concentración de contraste en la sangre es muy alta y el resto del espacio k se rellena cuando dicha concentración ya no es tan alta.

Es complejo solo lo vamos a ver de forma básica ya que si lo explicásemos perderíamos la idea inicial del libro, un manual básico de RM.

PARÁMETROS DE UNA SECUENCIA

Es el manejo por el TER o TSID de los diferentes valores de nuestro equipo de RM para la adquisición de la imagen diagnostica.

Los parámetros están en una base una de datos que tenemos en nuestro equipo de RM con todas las secuencias del estudio grabados. Estos parámetros vienen dados en un principio por la casa comercial que ha suministrado el equipo de RM.

Las secuencias vienen muy ajustadas desde las casas comerciales y dependen de nuestro equipo de RM (gradientes, teslas del equipo, software, antenas, etc.).

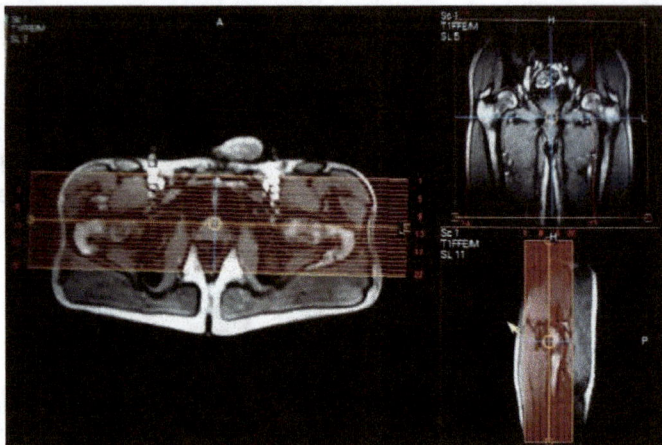

Fig.75

PARÁMETROS BÁSICOS DE UNA SECUENCIA

> Número de cortes: Los ajustaremos dependiendo de la estructura a estudiar y del grosor de corte de los mismos.
> Grosor de corte: Incide directamente en el tamaño del voxel. Dependiendo del grosor de corte tendremos más o menos señal y necesitaremos más o menos cortes para realizar el estudio.
> Distancia entre cortes (gap): es necesario dejar entre corte y corte un gap igual al 10% del grosor de corte. Esto es producido por la precesión de los protones de un corte, si hacemos otro corte justo a continuación sin dejar ningún gap, encontraremos a los protones todavía precesando y la señal de los mismos será errónea. Por eso es fundamental dejar el gap del 10%. Actualmente muchas de las RM de última generación ya pueden hacer cortes con un gap inferior al 10%.
> Orientación de los cortes: Coronales, axiales, Sagitales, dependiendo del protocolo que nos diga el Radiólogo.

- FOV + FOV rectangular o también llamado FOV en fase. Estos dos valores son fundamentales a la hora de programar una secuencia, debemos ajustarlos casi en el 100% de los estudios. El FOV en fase se ajusta siempre sobre la dirección de codificación de fase.
- Matriz: de adquisición y de reconstrucción. Dependiendo de cómo ajustemos las matrices influirá directamente en el tamaño del voxel y por tanto la señal y la resolución. Ya lo veremos más adelante.
- Porcentaje de adquisición o resolución en fase: Como ya hemos estudiado es una herramienta del espacio K. Depende de la matriz de adquisición que tengamos programada. A más matriz, menor porcentaje de adquisición o resolución (pag.49)
- Codificación de fase: normalmente viene predeterminada en las secuencias programadas por el fabricante, únicamente se modifica cuando adaptamos una secuencia de un protocolo a otro, por ejemplo si cogemos un protocolo de tobillo y lo adaptamos a un hombro. La codificación de fase determina la dirección del FOV en fase o FOV rectangular
- Supresión de foldover o sobremuestreo: es un programa de software que impide el artefacto por "aliasing o foldover". El ser un software post-adquisición de la secuencia ralentiza mucho la misma, por eso únicamente se usa cuando sea necesario.
- Half Fourier o Half Scan: (pag. 48).
- Selección de antena: La selección de antena y su colocación es primordial para conseguir una buena señal. Debemos elegir la antena especialmente diseñada para cada parte anatómica pero esto no siempre es posible entonces elegiremos la que más se adapte a la parte anatómica a estudiar.
- Nº de concatenaciones o adquisiciones: Una concatenación es la posibilidad de partir el TR de la secuencia, una vez aumentado el nº de concatenaciones se debe acompañar siempre de la reducción del TR. No sirve de nada aumentar el nº de concatenaciones si no bajamos el TR.
- Bandwidth: Rango dentro de una banda de frecuencias que el sistema de RM está ajustado para recibir. Al acortar el ancho de banda, se fuerza al sistema a detectar las señales de frecuencias pequeñas, Esto significa que el sistema descarta más ruido electrónico aleatorio, por lo

que mejora la SNR, pero nos aumenta el tiempo de la secuencia.

➢ Otros valores: hay más valores para manipular para en la secuencia pero son mucho más complejos, se aprenden con la práctica y un buen profesor.

Estos son los parámetros básicos de una secuencia de RM, si os fijáis no hay parámetros de secuencias (TR, TE, FLIP, etc.) ya que las secuencias suministradas por las casas comerciales ya están muy ajustadas y es casi mejor no modificarlas excepto en pequeños retoques (no somos físicos). A no ser que hagas una secuencia por ti mismo, con el tiempo todo se aprende.

El TER debe buscar la optimización de todos los parámetros de la secuencia para conseguir la imagen diagnostica.

La manipulación de un solo parámetro afecta a todos los demás. Por ejemplo, en la práctica si aumentamos mucho el número de cortes, aumenta el TR, con lo cual si estamos haciendo una secuencia en T1 y aumentamos demasiado el nº de cortes nos puede dar un error el TR ya que podría salir una imagen potenciada en DP, por consiguiente aplicaríamos una concatenación más y bajaríamos el TR. Volvemos a tener una imagen T1.

El saber modificar estos parámetros con eficacia y rapidez es cuestión de mucha practica pero como dice el dicho "nadie nace sabiendo".

FLUJO SANGUÍNEO, ANGIOGRAFÍA EN RM

En RM el estudio del flujo sanguíneo de los distintos vasos es un poco peculiar.

Esto ocurre porque cuando enviamos el pulso de radiofrecuencia para excitar los protones de un corte, magnetizamos el flujo del vaso que se encuentra en dicho corte, pero al recibir la señal la antena del flujo, es decir, la sangre magnetizada ya no se encuentra en ese lugar, se ha movido, por este motivo hay una ausencia de señal de flujo en el vaso de los protones que ya han salido del corte, pero los nuevos protones que entran en el corte seleccionado dan una señal muy intensa ya que tienen mucha energía porque que nunca han sido saturados por RF .

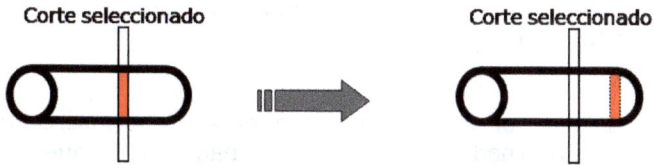

Fig. 47

Corte seleccionado

Momento de la magnetización

Corte seleccionado

Momento de la adquisición

Estos dos fenómenos explican que un flujo rápido no da señal alguna y un flujo lento si la dará.

Existen dos técnicas para hacer angiografías en RM.

1. Sin inyección de contraste que a su vez tiene dos técnicas básicas.

   - PCA o Phase Contrast
   - TOF o Time Of Flight

2. Con inyección de contraste

TECNICA PCA sin inyección de contraste

Se consigue enviando dos secuencias de gradiente consecutivas, la primera pone en fase a los espines y la segunda secuencia de desfasa los protones en movimiento. Al enviar dos secuencias conseguimos dos imágenes las cuales se restan una de la otra quedando la imagen única de los protones circulantes.

TECNICA TOF sin inyección de contraste

Se basa en el fenómeno de que los protones nuevos que entran en el corte y que no han sido saturados previamente por RF dan más señal que los protones que han permanecido inmóviles en el vaso.

Es decir la técnica TOF ve la sangre que circula a gran velocidad.

TECNICA CON inyección de contraste

Se consigue gracias a otro fenómeno totalmente distinto a los anteriormente mencionados. Se trata que en una secuencia GE recortamos al máximo el TE y TR no se ve ningún tejido ya que no dan señal alguna, pero el gadolinio posee la propiedad de tener un TI (tiempo de inversión) extremadamente bajo y este tipo de secuencia GE si lo puede ver.

En la actualidad con los avances en antenas, hardware, software, técnicas de rellenado del espacio K han hecho que existan secuencias que es posible hacer angiografías por RM de casi cualquier arteria o vena de nuestro organismo.

Existe numerosa bibliografía referente a este tema (cada laboratorio tiene su propio libro) por si queréis ahondar en este tema.

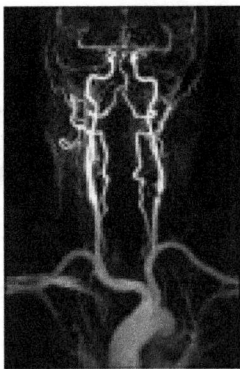

Fig.124

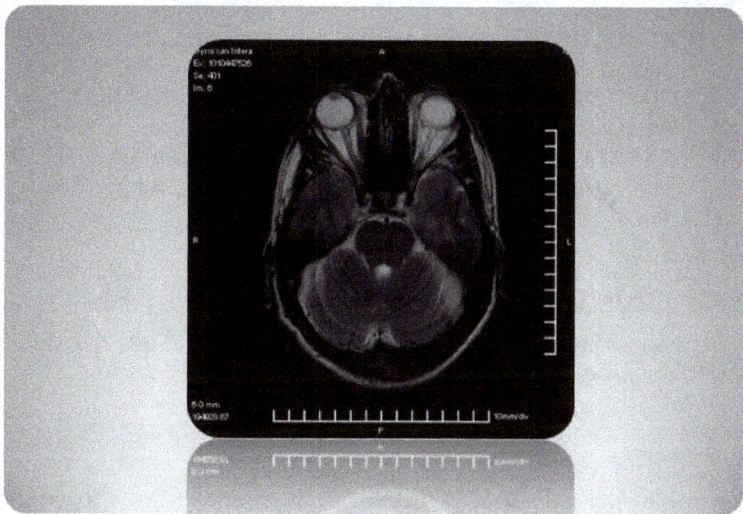

Calidad de la imagen

¿DE QUÉ DEPENDE LA CALIDAD DE LA IMAGEN?

> **RESOLUCIÓN:** Capacidad de distinguir estructuras pequeñas o finas
> **CONTRASTE:** Diferenciación entre distintos tejidos
> **RUIDOS:** Grano de la imagen
> **ARTEFACTOS:** Imágenes que no pertenecen al objeto pero que sin embargo se superponen a la imagen final

RESOLUCIÓN DE LA IMAGEN

Es la capacidad de todo método de imagen, de discriminar imágenes de objetos pequeños muy cercanos entre sí.

Depende de:

- Matriz, tamaño del píxel, a menor tamaño mayor resolución espacial
- Grosor de corte, a más fino el grosor de corte mayor resolución espacial, ya que el voxel es más pequeño
- FOV o Campo de representación, a menor FOV mayor resolución

MATRIZ

El soporte donde se crea la imagen es una MATRIZ, es un concepto abstracto y matemático. Esta matriz no se ve, se ve solo la imagen.

La matriz es una rejilla cuadrada compuesta de un número variable de cuadraditos, cada cuadradito recibe el nombre de PIXEL. Pero la imagen obtenida en la pantalla del ordenador es bidimensional aunque en la realidad corresponde a un volumen.

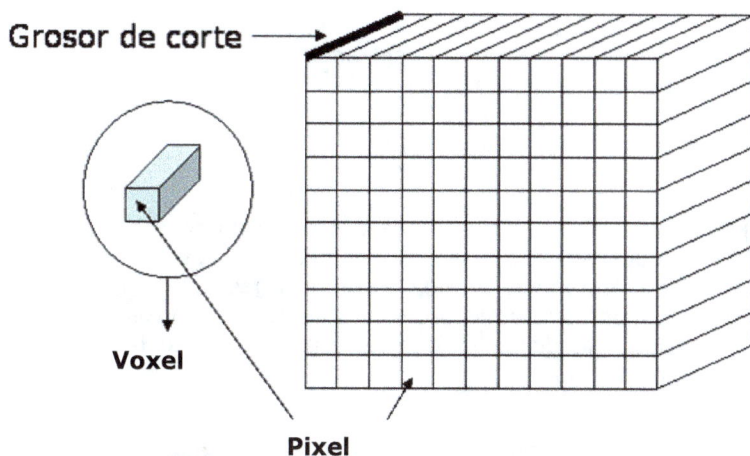

Fig.49

PIXEL + Grosor de Corte = VOXEL

En cada Píxel de nuestra pantalla de ordenador se representa la media de las señales de los distintos protones que se encuentran en el Voxel.

No se puede representar algo más pequeño que un Voxel.

Como ya sabemos la imagen representada en la pantalla de un monitor de ordenador es bidimensional, en cambio el Voxel es tridimensional. Es decir, adquirimos datos de un Voxel y se representan en un Pixel. Esto nos hace pensar que hay dos matrices, una en el imán (justo donde estamos adquiriendo los datos para luego crear la imagen) y otra en nuestro ordenador (donde finalmente se crea la imagen).

Matriz de Scan o Adquisición: Es la matriz donde adquirimos los datos para posteriormente crear la imagen.

Matriz de Reconstrucción: Es la matriz donde finalmente se ve la imagen (ordenador). (Pág.103)

Una vez que el ordenador ha obtenido los datos digitalizados de la imagen a representar, a cada píxel se le otorga un valor. Este valor corresponde a la media de señales que emitieron los distintos protones que se encuentran en dicho voxel. Es decir el valor representado en un Pixel es la media de todos los valores que existan en el volumen del voxel. Recordad no se puede representar algo más pequeño que el voxel.

Dependiendo del tamaño del objeto a representar y el tamaño de la matriz que vallamos a utilizar, cambiara la resolución espacial de la imagen obtenida. De una estructura geométrica regular con un borde nítidos se puede obtener una imagen borrosa. El grado de borrosidad de dicha imagen es una medida de la resolución espacial del sistema.

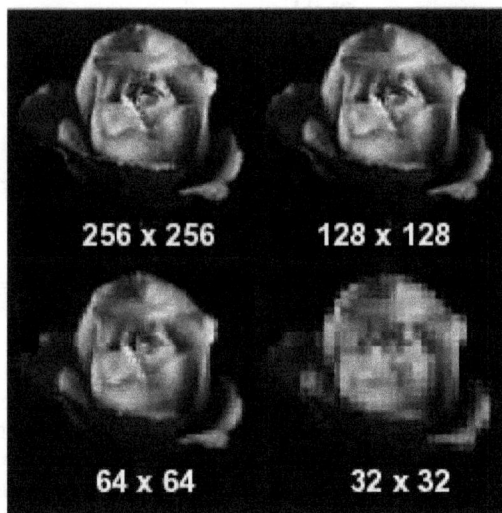

Fig.50

El ordenador después de computar toda la información, otorga un valor numérico a cada Pixel, este valor del Pixel se corresponde con un color en una escala de grises que tenemos, si hacemos esto con todos los Pixel tendremos una amplia gama de grises capaz de representar cualquier imagen.

Otro tema muy importante que tiene que saber el técnico al elegir la matriz es que para crear una imagen en RM necesitamos recibir la señal o eco, para recibir dicho eco con nuestra antena necesitamos que en cada voxel de nuestra matriz de adquisición haya un número suficientes de protones para obtener dicha señal. Si el voxel lo hacemos muy pequeño no caben los protones suficientes para que produzca la señal y por lo tanto no hay imagen.

Es función fundamental del técnico aplicar la matriz adecuada con respecto al FOV y Grosor de corte para obtener la suficiente señal para crear una imagen de calidad.

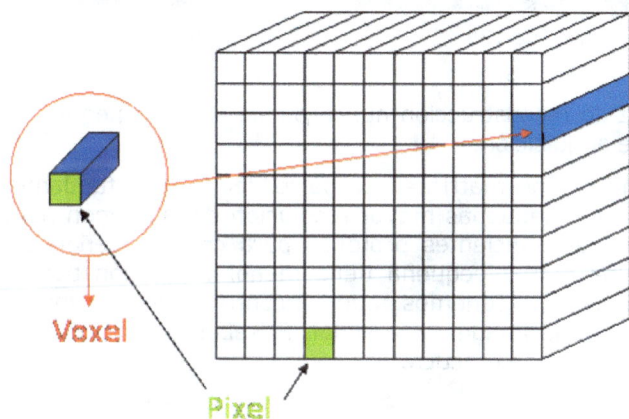

Fig.51

MATRIZ DE RECONSTRUCCIÓN

La representación de los datos que tenemos en el Espacio k y que modificamos gracias a las Transformadas de Fourier, es en la matriz de reconstrucción.

Dependiendo del tamaño del objeto a representar y del tamaño de la matriz que vallamos a utilizar cambiara la resolución espacial de la imagen obtenida. De una estructura geométrica regular con un borde nítidos se puede obtener una imagen borrosa. El grado de borrosidad de dicha imagen es una medida de la resolución espacial del sistema. Veamos un ejemplo.

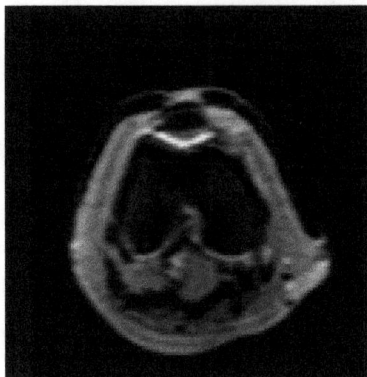

matriz de 128

Fig.115

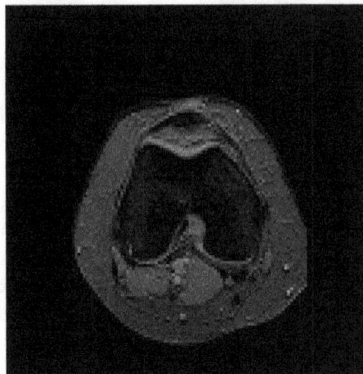

matriz de 512

Fig.116

La matriz de reconstrucción nunca puede ser más pequeña que la matriz de adquisición.

El manejo de las matrices por parte del TER es fundamental a matrices muy pequeñas mayor resolución de la imagen pero peor señal (no hay suficientes protones para crear la señal) pero en cambio una matriz pequeña tiene menor resolución pero mayor señal (Fig.115). Tenemos que encontrar un equilibrio entre resolución de la imagen y la señal. El saber que matrices utilizar es una cuestión de práctica.

$$\uparrow FOV + \uparrow Matriz = \downarrow Resolución \quad y \quad \uparrow Señal$$
$$\downarrow FOV + \downarrow Matriz = \uparrow Resolución \quad y \quad \downarrow Señal$$

GROSOR DE CORTE

Como la imagen obtenida es una representación bidimensional de un cierto volumen de tejido, esta matriz no es plana si no que tiene un grosor, pues bien a este grosor se le denomina grosor de corte.

Es la anchura del corte de la imagen que vamos a obtener. Es la 3ª dimensión del corte en RM. Influye directamente sobre el tamaño del VOXEL y por tanto en la resolución del la imagen.

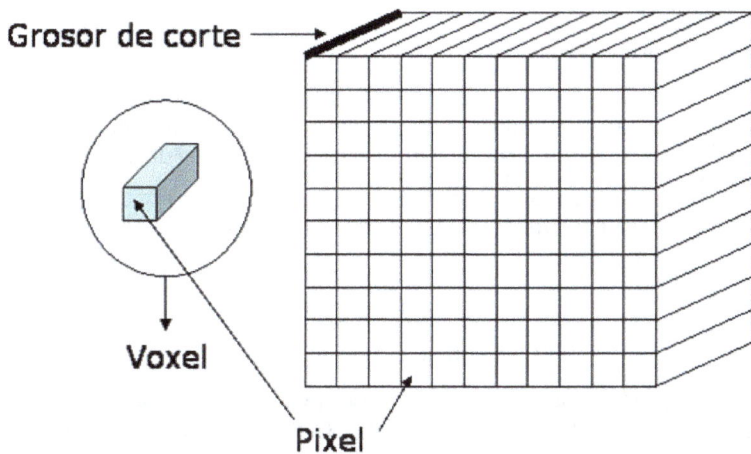

Fig.51

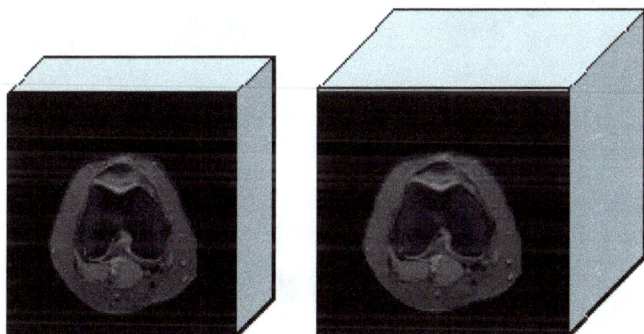

Fig.52

A mayor tamaño del voxel más cantidad de protones caben en él y por tanto mayor señal, pero también a mayor tamaño del voxel **menor** resolución.

Como ya hemos dicho, en cada Píxel de nuestra pantalla de ordenador se representa la media de las señales de los distintos protones que se encuentran en el Voxel. Esto es, que si en nuestro voxel tenemos 9 protones la representación del mismo será la media de los valores de los 9 protones, la señal sería muy fuerte ya que estamos escuchando a los 9 protones, en cambio si tuviéramos solo 3 protones en dicho voxel la representación del

105

mismo seria la media de estos 3 protones con lo cual la señal es más baja pero más real.

Si en cada voxel, por su gran tamaño, nos caben tres estructuras distintas y las representamos en el píxel del ordenador, sería como una sola estructura. La imagen no tiene mucha resolución.

Como puedes ver aquí también tememos que encontrar un equilibrio entre resolución de la imagen y grosor de corte.

CAMPO DE REPRESENTACIÓN o FIELD OF VIEW (FOV)

Campo de representación o FOV: es la parte del centro del campo magnético que tenemos en el imán, que va a ser representada como imagen (FOV). (Circulo verde)

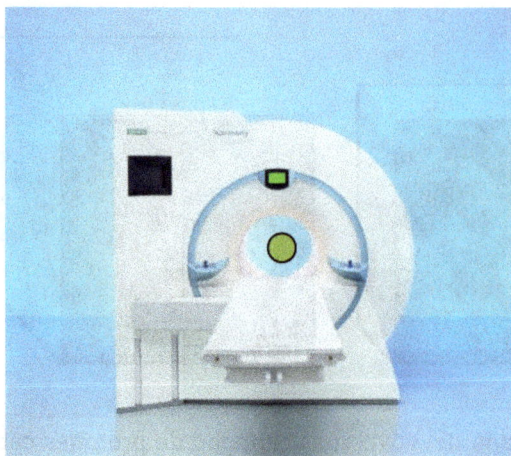

Fig.53

El Campo de representación debe ser lo más pequeño posible ya que determinará junto con la matriz y el grosor de corte, la resolución de la imagen.

Si el tamaño de la estructura de la que queremos obtener una imagen es más grande que el FOV o campo de representación que hemos seleccionado aparecerán artefactos por fuera de campo (Pág.113).

CONTRASTE

La capacidad para distinguir estructuras de diferente densidad, sean cuales sean su forma y su tamaño, se denomina *resolución de contraste*.

La resolución de contraste traduce con exactitud los valores de los ecos emitidos por el tejido en cada Voxel y depende de:

- **Contraste del tejido,** del propio tejido en sí y de medios de contraste (Gadolinio)
- **Intensidad de la señal**
- **Secuencia utilizada** (T1, T2, DP)
- **Ruido de fondo del equipo** (es inherente)

CONTRASTE DE UN TEJIDO

Existen tejidos que por su número de átomos de hidrogeno (H+) producen más señal que otros y por tanto más contraste. Hay otros tejidos que no emiten. El flujo sanguíneo no emite señal, para verlo necesitamos técnicas y secuencias espaciales.

Como ya sabemos cuántos más protones de hidrogeno tiene un tejido más información en forma de señal tenemos de él, por lo tanto tendremos más resolución y contraste.

Hay tejidos que por su composición emiten poca señal como por ejemplo el cartílago. Da lo mismo en que secuencia queramos ver el cartílago, en condiciones normales siempre lo veremos igual. Lo que intentamos ver con las diferentes secuencias es si en alguna de ellas recibimos alguna señal del cartílago, esto implica una patología de dicho cartílago.

Por otra parte existen ausencias de señal no por la cantidad de protones que tiene el tejido si no porque éste se encuentra en movimiento, como nos ocurre con el flujo sanguíneo. Esto es, cuando enviamos el pulso de RF magnetizamos el flujo que en ese preciso momento está en el vaso pero al recibir la señal ese flujo excitado ya no se encuentra en ese lugar del vaso ya que se ha movido y por ese motivo no recibimos la señal del mismo (pag.96).

Otras veces, para ver el comportamiento de un tejido se inyecta un medio de contraste (Gadolinio). Se realizan secuencias SE T1 con y sin contraste, según se comporte el tejido se puede ver si es patológico (pag.24)

Veamos un ejemplo de un tejido cicatricial en secuencias STIR (izquierda) y SE T1 (derecha). Vemos que en las dos secuencias se comporta igual ya que no emite señal, es como el ejemplo del cartílago.

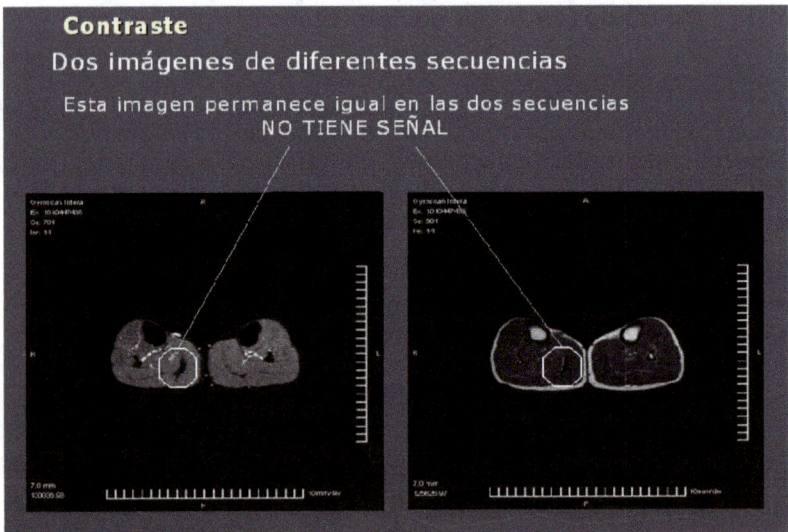

Contraste

Dos imágenes de diferentes secuencias

Esta imagen permanece igual en las dos secuencias
NO TIENE SEÑAL

Fig.54

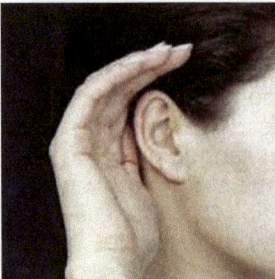

Fig. 150

Como son estructuras que no emiten señal alguna da lo mismo lo que hagamos NUNCA vamos a escuchar señal de dichos tejidos.

SECUENCIA UTILIZADA

Dependiendo de qué secuencia utilicemos, así conseguiremos un contraste u otro del mismo tejido.

Con las distintas secuencias lo que se hace es potenciar la señal de unos tejidos u otros. Por esto en un estudio de RM se hacen varias secuencias distintas para así ver los mismos tejidos.

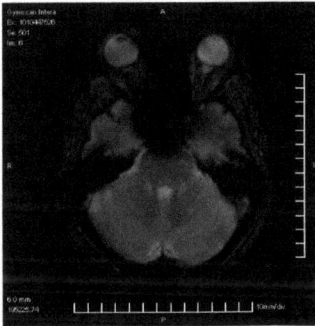
Fig.55

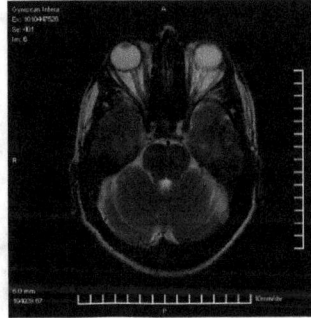
Fig.56

Las imágenes corresponden a un mismo corte de un estudio de RM con dos secuencias diferentes. Como se puede apreciar se ven unas estructuras mejor que otras dependiendo de la secuencia utilizada.

INTENSIDAD DE LA SEÑAL

Depende la intensidad de la señal de:

- Cantidad de protones del tejido
- Secuencia T1, T2 o DP
- Pulso (TR, TE, Angulo)
- Grosor de corte, Matriz, Tiempo de Adquisición, Filtros
  Los filtros son programas (software) que tienen algunas RM que lo que hacen es modificar la imagen una vez ya adquiridos los datos. Suelen ser muy útiles en equipos de RM de bajo campo.

- Imán y equipo: Intensidad de Campo, Bobinas, Antenas, etc.
  No es lo mismo la señal que proporciona una RM de 1,5 T a otra RM de 0,3T. Aparte hay antenas diseñadas para partes específicas de la anatomía del paciente que siempre nos darán mejor señal que si utilizamos otras antenas de carácter más general.

RUIDO

Es el grano que se ve en la imagen produciendo la consiguiente pérdida de definición.

Las causas principales son la intensidad de señal y el ruido inherentes al sistema (electrónico, ordenador, etc.).

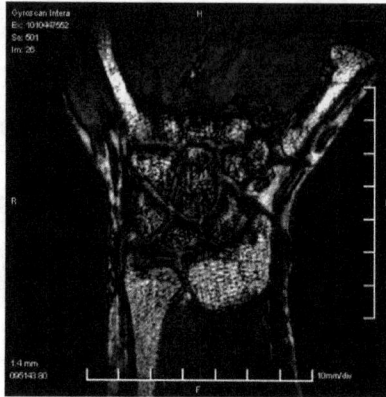

Fig.57

Ruido del sistema

La resolución de contraste del sistema no es perfecta. La variación de los valores de representación de cada píxel sobre un mismo tejido por encima o por debajo del valor medio, se denomina ruido del sistema. Si todos los valores de píxeles fueran iguales, el ruido del sistema sería cero. Cuanto mayor es la variación en estos valores, más nivel de ruido acompañará a las imágenes en un equipo de RM.

Hablando coloquialmente el ruido es el granulado que existe en la imagen, puede oscurecer y difuminar los bordes de las estructuras representadas con la consiguiente pérdida de definición y depende de:

- Intensidad de la señal. A menor intensidad de señal mayor ruido.

- Ruidos inherentes al equipo (electrónico, computacional)

110

El ruido es perceptible en la imagen final por la presencia de grano. Las imágenes producidas por sistemas de bajo ruido se ven muy nítidas, mientras que en sistemas de niveles de ruido elevados parecen manchadas. Por tanto, la resolución de objetos de bajo contraste está limitada por el ruido del equipo de RM.

ARTEFACTOS

En la RM, como en todo sistema de producción de imágenes se pueden generar artefactos que deterioran o alteran la imagen y por tanto se puede producir un error en el diagnostico.

Los artefactos son producidos por múltiples causas.

Los artefactos dependen directamente de la intensidad del campo magnético, cuanto mayor sea el campo mayor apreciación de estos en la imagen. En RM de bajo campo existen los mismos artefactos que en la RM de alto campo, la diferencia es que se aprecian menos en la imagen.

Los artefactos más frecuentes son:

- ▶ Movimiento
- ▶ Envolvimiento (aliasing, fold over)
- ▶ Desplazamiento Químico
- ▶ Artefactos de corte
- ▶ Gibbs
- ▶ Ferro-magnéticos

Es fundamental que el técnico tenga los conocimientos necesarios para identificar un tipo de artefacto y la posible solución al mismo.

Vamos a estudiar los artefactos anteriormente mencionados y sus posibles soluciones.

ARTEFACTOS POR MOVIMIENTO

Es la variación de la señal en el momento de la adquisición de la imagen, provocando menor nitidez e intensidad de la imagen.

- ▶ Pueden ser voluntarios o involuntarios.
- ▶ Aparecen en la dirección de la codificación de fase.

Pueden ser mitigados por el control del propio paciente, inmovilización, sedación o por mecanismos de sincronización.

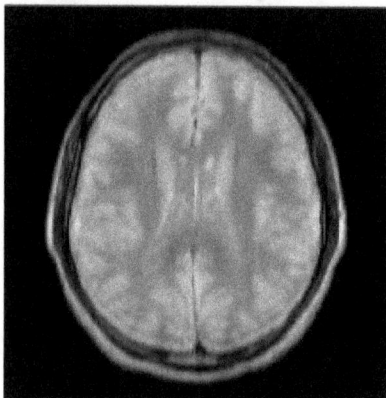 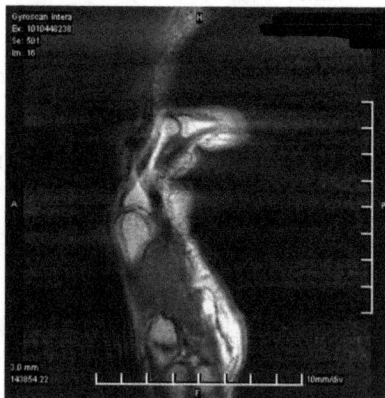

Fig.58   Fig.59

Los artefactos por movimiento pueden ser voluntarios e involuntarios y éstos a su vez rítmicos (cardiaco, respiratorios, oculares, peristálticos, etc.) o no rítmicos (temblores, tos, deglución, etc.)

Casi todos los artefactos por movimiento son fáciles de reconocer.

Posibles soluciones dependiendo de los diferentes exámenes:

- • Tranquilizar al paciente antes de comenzar el estudio, explicándole en que consiste la prueba
- • Una correcta inmovilización del paciente o incluso la sedación.

- Utilizar bandas de saturación según la dirección de corte.
- Sincronización cardiaca y respiratoria.

ARTEFACTOS POR SUPERPOSICIÓN (ALIASING, FOLD OVER)

La estructura a examinar es más grande que el FOV seleccionado, esto provoca un solapamiento en la dirección de fase de la parte de la estructura que se encuentra fuera del FOV.

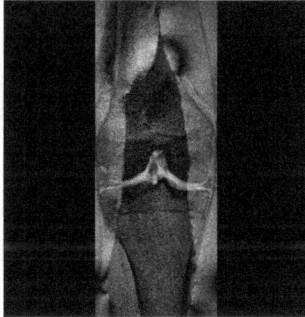

Fig.60

Soluciones:

➢ Aumentar el FOV
➢ Aumentar nº de adquisiciones
➢ Cambiar la dirección de codificación de fase
➢ Utilización de filtros de software

Este tipo de artefactos son bastantes comunes y muy fáciles de solucionar, normalmente con subir el FOV queda solucionado.

Veamos un ejemplo: El cuadrado blanco es el FOV y la flecha indica la dirección de codificación de fase.

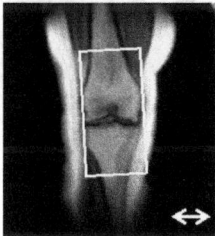
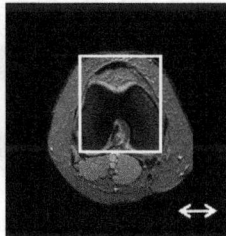
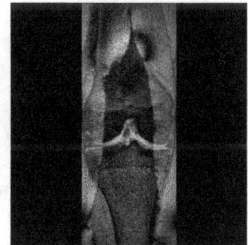

Fig.32   Fig.61

Fig.60

113

Si el técnico programa como estamos viendo (figs. 32 y 61) nos saldrá una imagen con artefacto (fig.60).

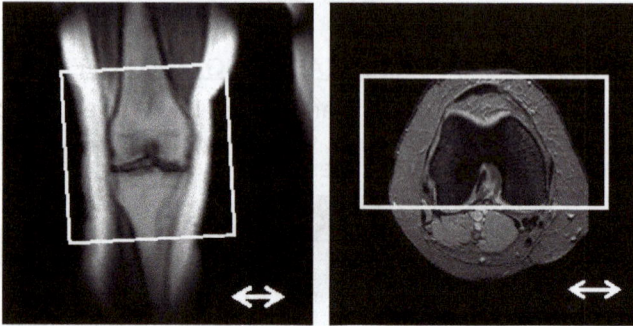

Fig.63

En cambio si hubiera programado así, hubiese salido bien.

Es muy importante observar que el Aliassing se produce siempre en la dirección de codificación de fase.

ARTEFACTOS DE CORTE

Se produce cuando al programar distintos bloques de cortes en un estudio, estos se cruzan entre sí. Lo que provoca una excitación parcial de los cortes adyacentes. Este artefacto es muy común en los estudios de columna lumbar.

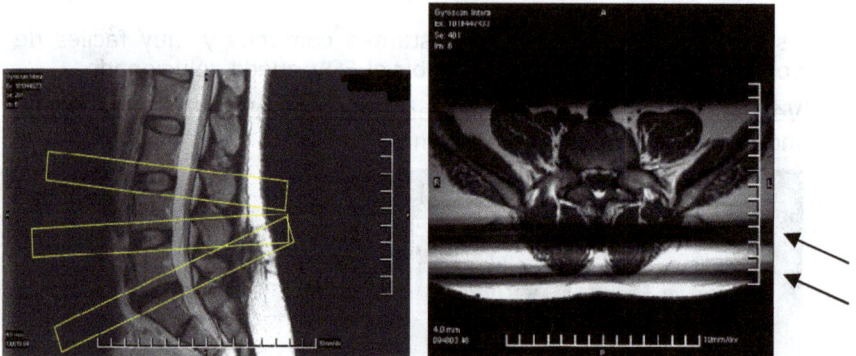

El cruce de los dos bloques o stacks últimos produce el artefacto en cambio el stack de arriba no se cruza y no produce el artefacto.

Lo vemos señalado con las flechas, como ves son unas bandas que deterioran la imagen.

ARTEFACTOS POR DESPLAZAMIENTO QUÍMICO

Se debe a la diferencia de precesión del H+ en la grasa y el agua.

Es una línea hipo-intensa y otra hiper-intensa en las interfases agua-grasa.

Soluciones:

▶ Utilizar secuencias IR
▶ Reorientar la codificación de frecuencia

Como es un artefacto relacionado con la frecuencia de precesión, se produce en la dirección de codificación de frecuencia. Reorientando dicha codificación no lo eliminamos pero sí que lo desplazamos.

Estos artefactos aumentan en campos magnéticos intensos y en secuencias Gradiente Eco y muy potenciadas en T2.

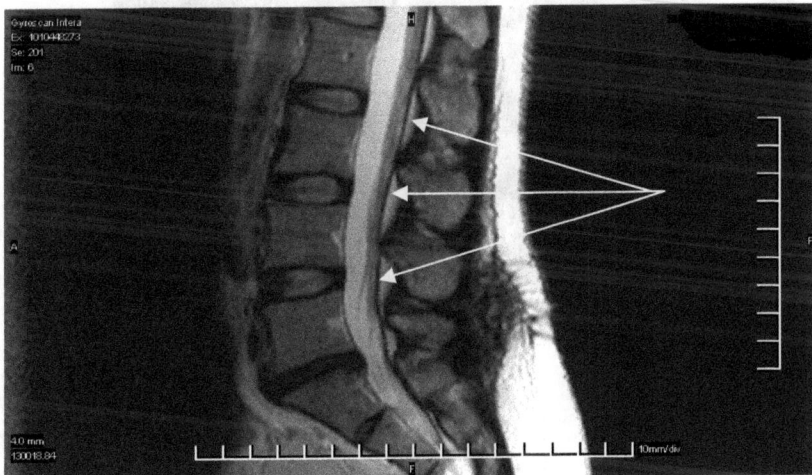

Fig.64

ARTEFACTO DE GIBBS

Son bandas que aparecen paralelas a las interfases entre tejidos con intensidades de señales altas y bajas situados en la dirección de fase.

Este artefacto es debido a un error en la lectura de la señal por adquirir un número insuficiente de datos.

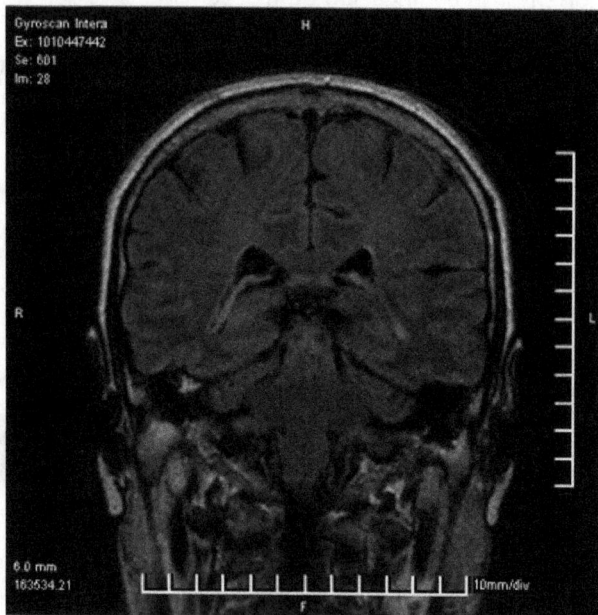

Fig.67

Soluciones:

▶ Aumentar el porcentaje de adquisición
▶ Aumentar la matriz
▶ Aplicar filtros de imagen antes de la reconstrucción.

No confundir con un artefacto por movimiento.

ARTEFACTOS FERROMAGNÉTICOS

Se produce una distorsión del campo magnético causando una pérdida de señal.

Soluciones:

- ▶ Intentar quitar el material ferromagnético (maquillaje, pintura de ojos, etc.)
- ▶ Utilizar secuencias SE

Fig.69

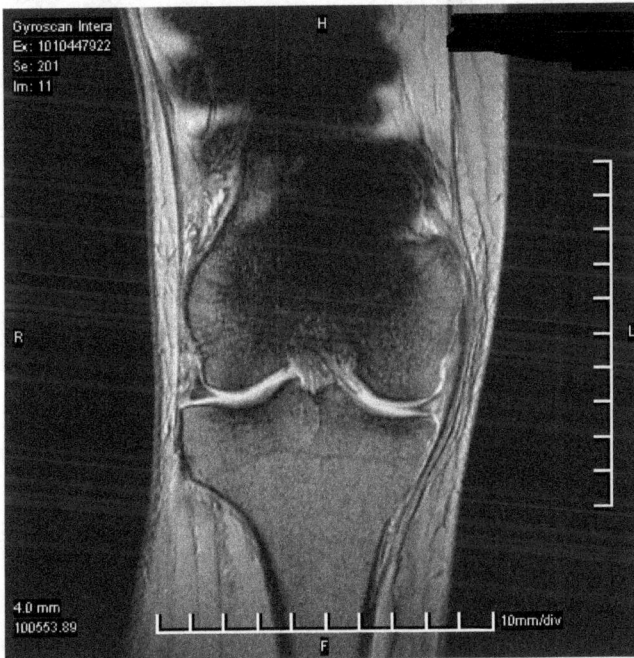

Los cuerpos metálicos externos (botones, cremalleras, pendientes, maquillaje, pintura de ojos, etc.) se solucionan quitándoselos el paciente.

Los cuerpos metálicos internos (clips quirúrgicos, prótesis, tornillos, etc.) se disminuyen usando secuencias Spin Eco.

ARTEFACTO POR VOLUMEN PARCIAL

Como ya sabemos, el píxel representa la media de los distintos valores de los diferentes tejidos que se encuentran en el vóxel. Este artefacto se produce cuando la intensidad media representada de un vóxel no es de ningún tejido en concreto.

▶ Soluciones:
  Menor grosor de corte

  Aumentar la matriz de representación.

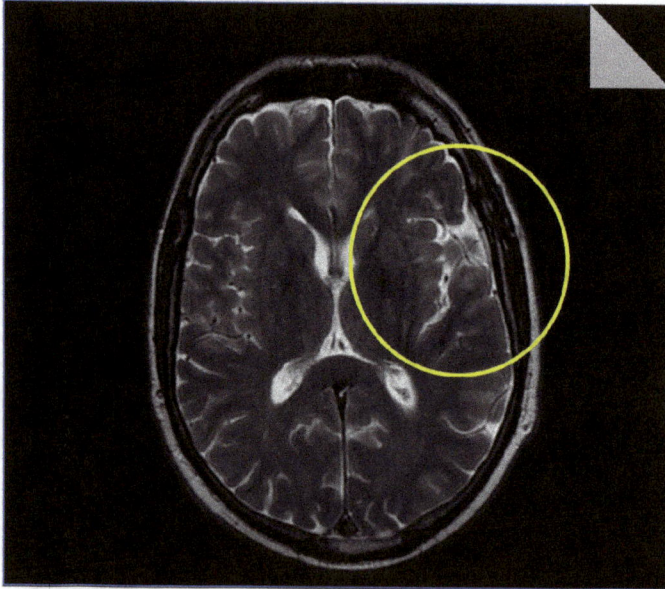

Fig.70

Como vemos en la Fig.70 aparece en este corte axial de una RM craneal una imagen blanca (rodeada por el circulo) que podría ser confundida con alguna patología. En realidad es una imagen falsa debido a un artefacto de volumen parcial.

Como ya sabemos el píxel representa el valor medio de las distintas intensidades de los diferentes tejidos que se encuentran en el voxel, este valor es representado por un color en concreto de la escala de grises.

EJEMPLO

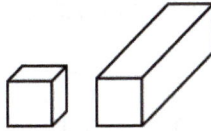

VALOR = 7   **VALOR = 39**

Fig.72

Si un voxel en concreto con un grosor de corte determinado tiene varios tejidos de intensidades muy diferentes, puede ocurrir que el valor medio de esas intensidades sea representado por un color que no se representativo de ningún tejido en concreto. Esto puede inducir error en el diagnóstico.

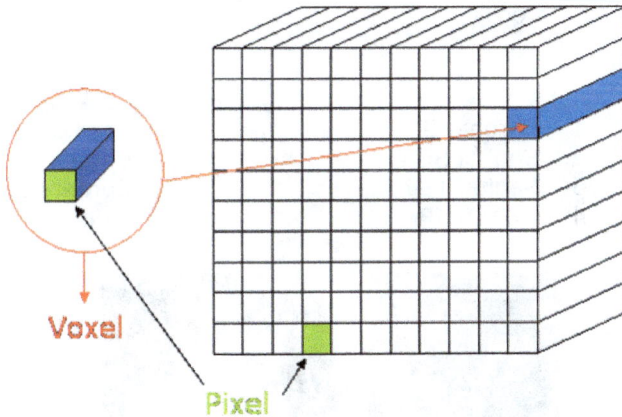

Voxel

Pixel

Fig.51

PROTOCOLOS

Los protocolos son el grupo de secuencias que vamos a utilizar en función de cada estudio de RM. Como norma general diremos que los protocolos deben constar de secuencias SE, IR, y GE, potenciadas en T1 y T2 en los tres ejes del espacio.

Estos protocolos son modificados por el TER según el tipo de paciente, para una mejor optimización del estudio de RM. También según pasa el tiempo los protocolos son modificados por los distintos técnicos y radiólogos según su experiencia en el manejo de dicho equipo.

Por eso, es fundamental un estricto orden y coordinación en un servicio de RM entre los distintos médicos y técnicos, ya que en las modificaciones deben estar todos conformes y deben ser notificadas a todos los técnicos para su conocimiento.

Ejemplos de protocolos

► RODILLA
   1. Coronal GE T2
   2. Sagital SE T1
   3. Sagital TSE T2
   4. Axial STIR

► MUÑECA
   1. Sagital SE T1
   2. Coronal GE T2
   3. Coronal SE T2
   4. Axial DP Fat Sat

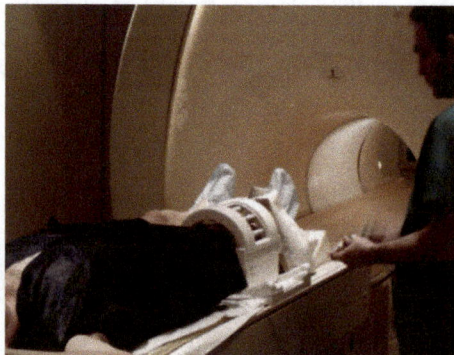

CONCLUSIONES

Como hemos visto en la creación de la imagen de RM intervienen fenómenos físicos y operaciones matemáticas complejas.

Para manejar un equipo de RM no es necesario profundizar en física o matemáticas pero sí que es muy recomendable.

La función del técnico en Imagen Médica es manejar toda la información sobre el estudio a realizar, sobre la física de la RM, y de su equipo de RM, para al final conseguir una imagen diagnostica, de calidad, en el menor tiempo de estudio posible.

AVANCES EN RM

Los avances van encaminados sobre todo en la mejora técnica del equipo de RM y por supuesto en el estudio de nuevas secuencias.

Se trabaja actualmente en:

- Gradientes más fuertes y rápidos (sin que lleguen a causar efectos físicos) actualmente los gradientes de los nuevos equipos ya están al máximo de las posibilidades físicas para no producir estimulación neuronal.
- Campos Magnéticos más intensos y homogéneos
- Software y Hardware (ordenadores y programas más potentes y rápidos)
- Antenas capaces de conseguir una mejor señal
- Adquisición en paralelo
- Emisión de RF en varios puntos simultáneamente

BIBLIOGRAFÍA

- Prof. Dr. Hans H. Schild.: *IRM Hecha fácil.*Schering Madrid 1992
- Sobejano A., Tomas J.M., Muñoz C.: *Manual de Resonancia Magnética.* JIMS.SA, Barcelona 1992
- Ponencias.: *II Curso Avanzado de Tecnología de la Resonancia Magnética y sus Aplicaciones Clínicas.* Universidad Complutense, Madrid 2003
- Ponencias.: *I Curso Nacional de Resonancia Magnética para TER.* Universidad de Alcalá, Alcalá de Henares 1998
- http://www.bioingenieros.com
- http://www.tsid.net
- Cristina Santa Marta.: *Generación y Reconstrucción de las imágenes de RM.* Dpto. Física Matemáticas y Fluidos (UNED)
- Ponencias.: *III Curso Avanzado de Tecnología de la Resonancia Magnética y sus Aplicaciones Clínicas.* Universidad Complutense, Madrid 2004
- Teresa Almandoz.: *Guía Práctica para Profesionales de Resonancia Magnética.* Equipo Osatek, Bilbao 2003.
- Dr. José Antonio Recondo.: *RM en el Tobillo-pie.* Line Grafic,S.A.
- http://www.mr-tip.com
- Javier Lafuente.: *Atlas de tecnología de la RM.* Tyco Healthcare Mallinckrodt

Nota del autor:

Algunas imágenes publicadas en este libro han sido obtenidas de Internet las cuales son de dominio público. El autor no pretende con su publicación la autoría de las mismas, únicamente se publican en el libro por su interés científico docente.

Las imágenes citadas son figuras con los siguientes números:

35 - 50 – 76 – 77 – 78 – 79 – 80 -81 – 82 – 84 – 91 – 97 – 98 – 99 – 102– 104 - 105 – 106 – 107 – 112 – 113 – 124 - 125 – 126 - 127 – 139 - 140 – 141 – 142 – 143 - 144 – 149 – 150 - 151